多媒体技术及应用

郭　清　张奇斌　罗　洪主编

哈尔滨工业大学出版社

内容简介

本书从应用出发,介绍了多媒体技术的相关理论和多媒体应用设计技术。包含多媒体技术基础、多媒体计算机系统、图形/图像处理技术、数字视频和音频处理技术、动画技术应用、Authorware、多媒体技术应用实例等。

本书可作为计算机技术专业和艺术设计类相关专业的教材,也可作为多媒体应用培训的教材,还可供从事多媒体应用开发的技术人员学习参考。

图书在版编目(CIP)数据

多媒体技术及应用 / 郭清,张奇斌,罗洪主编. --
哈尔滨 : 哈尔滨工业大学出版社,2021.10
ISBN 978-7-5603-9756-6

Ⅰ.①多… Ⅱ.①郭… ②张… ③罗… Ⅲ.①多媒体技术 Ⅳ.①TP37

中国版本图书馆 CIP 数据核字(2021)第 211455 号

策划编辑　张凤涛
责任编辑　张凤涛　赵凤娟
封面设计　宣是设计
出版发行　哈尔滨工业大学出版社
社　　址　哈尔滨市南岗区复华四道街 10 号　邮编 150006
传　　真　0451－86414749
网　　址　http://hitpress.hit.edu.cn
印　　刷　北京荣玉印刷有限公司
开　　本　787mm×1092mm　1/16　印张 12.5　字数 300 千字
版　　次　2021 年 10 月第 1 版　2021 年 10 月第 1 次印刷
书　　号　ISBN 978-7-5603-9756-6
定　　价　42.00 元

前言

　　近年来，多媒体技术发生了很大变化，如移动多媒体技术得到了普及，三网融合开始实施，视频监控系统的应用更加广泛，多媒体技术几乎深入公共生活区域的各个角落。多媒体技术及其产品成为当今计算机产业发展的一个重要领域，以应用作为驱动力的多媒体技术受到了前所未有的重视，特别是以图像识别为基础的智能系统成为目前的研究热点。多媒体课程一直是计算机科学和计算机工程学科的必修课程，内容也随着技术的发展不断更新。本书从多媒体系统的研究、开发和应用的角度出发，力求全面、细致、全方位地引导读者进入多媒体技术的应用领域。

　　本书由浅入深、循序渐进地介绍了多媒体技术的相关知识，包含了多个多媒体制作软件的操作方法和使用技巧。本书介绍了多媒体技术基础、多媒体计算机系统、图形/图像处理技术、数字视频和音频处理技术、动画技术应用、Authorware、多媒体技术应用实例等内容，用于提高读者对各种多媒体软件使用方法的掌握程度。

　　本书适合高等院校多媒体技术类课程教学使用，也可作为相关学习者的参考用书。

编　者

2021 年 5 月

目录

项目1 多媒体技术基础

情境导入

　　计算机和集成电路的发明是20世纪人类最伟大的发明之一。计算机科学技术和集成电路技术的飞速发展,使人类的生活在短短的几十年内有了根本性的变化。在短短的几十年中,计算机从几十吨的庞然大物发展到衣服口袋都可以装得下的小巧东西;从每秒钟运算几千次,而且只能进行单纯数值运算的设备发展到每秒钟运算几万亿次、几乎无所不能的设备;从科学家实验室高深莫测的精密仪器发展到进入寻常百姓之家,成为人们不可或缺的家用电器。这一切似乎可以用"神奇"两个字来形容。

学习目标

1.了解多媒体与多媒体技术、多媒体的关键技术。

2.了解多媒体元素及表现特点。

3.了解多媒体技术的发展历程。

4.掌握 Windows 中的多媒体功能。

能力目标

1.初步建立对多媒体与多媒体技术的整体认识。

2.掌握 Windows Media Player 简单的多媒体功能操作。

3.能运用"录音机"录制和编辑声音。

任务一　全面了解多媒体技术

任务导入

近 20 年来,随着计算机技术的进一步发展,人们对计算机有了更新、更高的要求。计算机最新的发展方向是计算机网络技术和多媒体技术。人们希望能够通过计算机进行快速、安全的交流和沟通。

任务分析

本次任务是对多媒体与多媒体技术进行全面的了解,包括多媒体技术的定义;多媒体的关键技术;多媒体组成元素,如文本、图形、图像、数字动画、音频等的特点;多媒体技术的历史、现状及未来发展趋势。

任务实施

一、多媒体技术的定义

(一)多媒体与多媒体技术

多媒体的概念是由人类对外界事物的感觉能力与计算机所能实现的表达形式之间的差异引出的。人类有 5 种感受外界事物的感觉能力。在生理学上把外界事物施加于人类感觉器官的作用称为刺激。人类的这 5 种感觉能力分别如下。

- 视觉:人类的视觉器官是眼睛。对人类视觉器官产生刺激的是光线(或者说是某个频率范围内的电磁波)。
- 听觉:人类的听觉器官是耳朵。对人类听觉器官产生刺激的是声音(或者说是机械振动)。
- 嗅觉:人类的嗅觉器官是鼻子。对人类嗅觉器官产生刺激的是气味(或者说是某些扩散在空气中的化学物质)。
- 触觉:人类的触觉主要来自于暴露在外面的皮肤。对人类触觉器官产生刺激的是压力和温度。
- 痛觉:除了毛发,几乎人类的全部器官都有痛觉。当刺激人类各个感觉器官的

光线、声音、气味、压力或温度等外界刺激或人类自身疾病所引起的保护性反应超过人类所能忍受的程度时,人类会产生疼痛的感觉,以使人类产生警觉并对自身加以保护。

由于科学技术水平所限,早期计算机所采用的表达信息的媒体是指示灯亮和灭的编码及后来被长期使用的文字。但是,人类从来没有满足于计算机仅仅具有这种单一的媒体形式。人类一直渴望计算机能够使用多种媒体来和人类进行沟通和交流。随着计算机科学技术的发展,计算机在运算速度、存储容量、外部设备等诸多方面都取得了长足的进步,使得计算机以多种媒体的形式和人类进行交流成为可能。

从广义的角度而言,多媒体是某种可以使用超过一种媒体表现形式的事物。从狭义的角度而言,在计算机技术领域内所指的多媒体是相对于早期计算机的单一媒体表现形式。现在的计算机可以采用多种媒体的表现形式,具体地说,计算机的信息存储采用多种介质,如磁介质、光介质、半导体介质,计算机的信息再现也采用多种媒介,如文字、图像、声音等多种形式。

虽然在各种计算机技术或多媒体技术的教材中对多媒体的定义不尽相同,但是对于多媒体可以做如下的理解。

- 多媒体指的是在信息的接收与发送两个方面都可以采用多种媒介。
- 多媒体表示信息在存储、传输、再现的各个环节可以有多种媒介。

多媒体技术是特指在计算机技术领域内采用多种媒体形式进行信息的存储、加工、传输和再现的技术。

多媒体技术是这样一种技术:在计算机中能够将文字、声音、图像、动画、视频等多种媒体集成为一个完整的系统,并且可以与使用者进行交互操作的信息存储、加工、传输及再现的技术。

从这个定义中可以得出多媒体技术的特点如下。

- 集成性:多媒体技术是指将计算机组成一个完整的多种媒体的集成系统。
- 交互性:操作者与计算机在多媒体方面能够很方便地进行交流。
- 综合性:多媒体技术是一种综合的计算机信息处理技术。

(二)媒体与信息

媒体与信息是一个带有哲学意义的问题。媒体与信息是一个问题中共生共存的两个方面。在计算机科学中,对媒体和信息分别有如下的定义。

- 媒体:可以记录信息的材料或形式。
- 信息:数据和消息中所包含的意义,它不随载荷的物理形式的改变而改变。

从以上两个定义可以知道,任何物质和形式,只有当它们附带着具有某种特定含义的信息时,才能称之为媒体,所有的信息必须有赖以依存的媒体,如果一个信息没有所依附的媒体,就无法存储、传输、表现,当然也不能被需要信息的物体所接受。媒体离开信息就不成为媒体;而信息离开媒体也就无法存在。它们之间的关系就像人类的大脑与思维之间的关系一样,二者相互依存、缺一不可。例如,计算机软件是一种信息,而计算机硬件(如内存、磁盘等)就是计算机软件的载体。对于计算机而言,它们是相互依赖的。

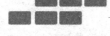

它们也可以被看成是信息与媒体的关系。一台计算机没有软件就不能工作,而软件不能脱离计算机硬件而单独发挥作用。

信息与媒体的关系还具有以下几个特点。

- 媒体不仅仅是信息的载体,在很多时候还是信息的执行者。例如,计算机硬件既是软件的载体,也是软件的执行者。
- 一种信息可以有一种以上的媒体,也就是说,一种信息可以有不同的存储和传输形式。例如,一部电影通常是记录在胶片上的,但是它也可以被记录在磁带或光盘上。
- 媒体可以是有形的,能够长期以物理、化学或生物形式保存的实体,也可以是一些无形的、不能或不需要长期保存的形式。以哑语为例,聋哑人在需要和他人交流时就打手势,不需要时手势就不存在了。
- 媒体是有层次的,也是可以互相转化的。例如,音乐的载体是声音,而声音的载体可以是唱片、磁带或光盘等不同的媒体。

总而言之,信息是事物本身的一种意义,它需要被存储、传输或表现出来,而实际担任存储、传输或表现事物本身意义的物质或形式就是媒体。人为的信息需要人类对信息进行编码才能加以存储和传输,而自然界的信息编码则需要人类去探索和发现。

二、多媒体的关键技术

(一)数据存储技术

随着多媒体技术应用的普及,各种信息在介质中占用的空间越来越大,在存储和传输这些信息时需要很大的时空开销,解决这一问题的关键是数据存储技术,其主要采用硬磁盘和光盘(如 DVD、VCD)。

(二)数据压缩编码与解码技术

数字化信息的数据量不断膨胀,单纯靠增加存储器容量和通信信道带宽,以及提高计算机的运算速度等方法远不能满足实际应用要求。考虑到技术与成本等诸多因素,目前广泛采用多媒体数据压缩编码技术。用压缩编码算法对数字化的视频和音频信息进行压缩,既节省了存储空间,又提高了通信介质的传输效率,同时也使计算机实时处理和播放视频、音频信息成为可能。

(三)虚拟现实技术

虚拟现实技术是计算机软硬件技术、传感技术、人工智能及心理学等技术的综合结晶。虚拟现实技术是依靠一些特殊的输入输出设备实现的能让用户从主观上产生虚拟世界的感觉。例如,头戴式显示器,又称数据头盔,能使用户陷入虚拟世界。首先,它使微型显示器上的每只眼睛产生不同的成像,因而这种双焦距的视差现象产生了三维立体的效果;其次,它还配有立体声耳机,可以产生三维声音。又如,数据手套是一种能感知手的位置及方向的设备,通过它可以指向某一物体,在某一场景内探索和查询,或者在一定的距离之外对现实世界发生作用。虚拟物体是可以操纵的,如让其旋转以便更仔细地

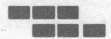

查看,或通过虚拟现实移动远处的真实物体,用户只需监视其对应的虚拟成像。

(四)多媒体数据库技术

传统的数据库只能处理数值与字符数据的存储检索。多媒体数据库除了要求处理结构化的数据,还要求处理大量非结构化数据。多媒体数据库需要解决的问题主要有:数据模型,数据压缩/还原,数据库操作、浏览、统计查询及对象的表现。

(五)多媒体网络与通信技术

多媒体通信是涉及多媒体、计算机和通信等领域的综合技术,一直是多媒体应用的一个重要方面。由于多媒体的传输涉及图像、声音和数据等多方面,需要完成大数据量的连续媒体信息的实时传输、时空同步和数据压缩。例如,语音和视频有较强的适时性要求,它允许出现某些字节的错误,但不允许任何延迟。而对于数据来说,可以出现延迟,但不能有任何错误,因为即使是一个字节的错误,也会改变整个数据的意义。

(六)智能多媒体技术

正如将人工智能看成是一种高级计算一样,我们应将智能多媒体看成是一种高级智能计算。多媒体技术的进一步发展迫切需要引入人工智能。要利用多媒体技术解决计算机视觉和听觉方面的问题,必须引入知识,这必然要引入人工智能的概念、方法和技术。例如,电影画面与音乐有机地协调和共鸣产生的整体艺术效果,远远超出孤立画面与音乐效果的简单组合。又如,在游戏中根据操作者的判断,能够智能地改变游戏的进程与结果,而不是简单的程序转移。

(七)多媒体信息检索

多媒体信息检索是根据用户的要求,对图形、图像、文本、声音、动画等多媒体信息进行检索,得到用户所需的信息。基于特征的多媒体信息检索系统有着广阔的应用前景,它将广泛用于电子会议、远程教学、远程医疗、电子图书馆、艺术收藏和博物馆管理、地理信息系统、遥感和地球资源管理、计算机支持协同工作等方面。例如,数字图书馆可将物理信息转化为数字多媒体形式,通过网络安全地发送给世界各地的用户;自然语言查询和概念查询对返回给用户的信息进行筛选,使相关数据的定位更为简单和精确;聚集功能将查询结果组织在一起,使用户能够简单地识别并选择相关的信息;摘要功能能够对查询结果进行主要观点的概括,使用户不必查看全部文本就可以确定所要查找的信息。

三、多媒体元素

(一)文本

除了灯光,文本是在计算机上最早实现的媒体元素。一般而言,文本是人类日常使用的文字、数字和常用符号的集合。对于计算机技术而言,文本是指美国信息交换标准码(American Standard Code for Information Interchange,ASCII)中的字母、数字和常用符号部分。文本在编码上是按照国际标准的,在显示上分为两种情况。

- 非格式化文本:字符是以一种标准大小、固定字体、固定颜色的形式显示的,字

符的字体、颜色、样式是不能改变的,这种文本形式称为非格式化文本。非格式化文本通常是以后缀为.txt的文件格式存储在外存中的。

- 格式化文本:在各种文字编辑和排版软件中,可以对文本的字体、颜色、大小、样式等显示形式进行编辑,可以实现多种多样的文本显示形式,这种文本形式称为格式化文本。通常,不同的文字处理软件的文本格式是不同的。例如,微软的文字处理软件 Word 的文件是以后缀为.doc 的文件格式存储在外存中的;而国产的字处理软件 WPS 是以后缀为.wps 的文件格式存储的。

(二)静态视觉元素

多媒体技术中的静态视觉元素指的是在显示器或其他输出设备上输出的单幅画面。静态视觉元素可以分为图形和图像两类。图形和图像都是可以在计算机上处理、显示和打印的静态视觉信息。人们平时说到图形和图像时,没有认真考虑过它们有什么区别,但是在多媒体技术中,图形和图像是两种完全不同的媒体元素。

1. 图形

图形是由人工绘制或通过编制程序由计算机计算生成的矢量图。矢量图是一种由点、直线、曲线、圆、平面或曲面等几何图形组成的视觉信息。

根据软件功能与要求的不同,图形数据可以带有不同的属性。这些属性通常包括轮廓线的亮度、颜色、几何图形的填充色、透明度等。

图形是没有层次、没有立体感的平面视觉形象。但是,通过透视的方法将几何图形按照它们本来在空间的相对位置组合起来,也可以在平面显示器上表现带有立体视觉效果的形象。

2. 图像

计算机技术中所说的图像是以像素为基本数据元素,按行、列排列的点阵图,也称光栅图。一幅图像就是由这些按行、列排列的像素矩阵组成的。每个像素表示图像在该位置上的亮度和颜色。与图形不同的是,图像是由照相机、摄像机拍摄的真实景物、人像等经过数字化摄入计算机或由扫描仪将印刷图片、绘画、实物等扫描到计算机后得到的视觉信息。图像可以真实地反映所表现的视觉信息的亮度细节、明暗变化、透视效果和立体感。

(三)动态视觉元素

多媒体技术中的动态视觉元素分为数字动画和数字视频/数字电影两类。

1. 数字动画

与静态视觉元素中的图形相对应,数字动画也是由人工绘制或通过编制程序由计算机计算生成的矢量图。数字动画是由一组内容在时间和空间上关联的、有顺序的单幅图形组成的,其中的每一幅图形称为一帧。通常数字动画每秒钟有 16~18 帧,这样就可以达到一般动画电影的效果(即画面物体运动的连续性不是很好,观看者会感觉到画面有跳动)。高质量的数字动画可以做到每秒钟 24 帧以上,这样就可以得到普通电影的效果(即画面物体运动的连续性比较好,观看者感觉不到画面的跳动性)。

2. 数字视频/数字电影

与静态视觉媒体元素中的图像相对应,数字视频和数字电影是由摄像机或摄影机拍摄的真实的景物、人像等经数字化摄入计算机得到的连续画面。事实上,数字视频和数字电影与人们通常所观看的电视和电影非常类似,只不过通常所观看的电视和电影是模拟信号,而数字视频和数字电影是数字信号。另外,计算机特技也早已应用于普通电影的摄制。人们已经在很多电影中欣赏到了由计算机特技制作的用普通摄影方法很难做到的神奇的电影画面。现在,主流的微型计算机可以很容易地做到以每秒 25 帧(中国和欧洲的 PAL 制式)或 30 帧(美国和日本的 NTSC 制式)展现数字视频和数字电影的画面。

(四)音频

音频是一个专业术语,它的意义是:声音频率的范围为 15~20 000 Hz,即正常人耳可听见的声波信号。在无线电技术和通信技术领域内,音频指的是加载在作为媒体的电磁波上的声音信号。通俗地说,音频就是人们平时说的声音。音频包括语音、音乐、自然界的其他声音及其他音响效果。为了实现音频的输入、处理和播放,需要在计算机上安装音频适配器(即声卡)。将音频输入计算机的方法有以下几种。

- 使用话筒将声音输入计算机。
- 使用录音设备的线路输出功能将音频通过线路直接输入计算机。
- 使用电子乐器数字接口(MIDI)将电子乐器演奏的音乐输入计算机。

除了从外部将声音输入计算机,还可以通过计算机程序计算生成语音、音乐、各种音响效果,甚至自然界根本不存在的声音。在许多电子音乐或一些电影中经常使用多媒体技术生成自然界没有的声音以增加神秘感或恐怖效果。

四、多媒体技术的发展历程

(一)多媒体技术的历史

人类有 5 种感觉能力,即视觉、听觉、嗅觉、触觉和痛觉。人们通过这 5 种感觉来感知这变化万千的世界。随着计算机的发展及其应用领域的扩展,人们越来越希望在计算机上尽可能多地实现人类的这些感觉能力。

20 世纪 40 年代,计算机刚刚出现的时候,由于技术水平有限,计算机的输入输出使用的是开关和指示灯,后来发展为穿孔纸带或穿孔卡片。当时,人们只能使用机器语言,也就是直接使用二进制的 0 和 1 操作计算机。可想而知,那时人们与计算机的交流是多么困难。

20 世纪 50 年代,阴极射线管显示器的出现是人与计算机交互操作上的革命性进展。它使得人们可以通过键盘使用十进制数字和英文字母与计算机进行交互操作。随后,高级语言的出现,使得人们可以使用文字和计算机进行交互操作。相对于使用机器语言来说,高级语言给人们带来了很大的方便。但是,即使是高级语言也还有很多信息不能通过计算机来表达。

20世纪60年代,随着显示器分辨率的提高,人们可以在显示器上显示图形信息。美国麻省理工学院的I.E.Suther Land创立的计算机图形处理理论,标志着计算机进入了多媒体时代。

20世纪60年代,集成电路的发明和微型计算机的出现是计算机技术发展史上里程碑式的重大事件。随后集成电路以摩尔定律(即每18个月集成电路的集成度提高1倍或价格下降50%)的速度发展,这使得计算机技术进入了高速发展的时期。随着计算机计算速度的飞快提高及硬件的支持不断加强,20世纪80年代以后,人们对图形、图像、声音等媒体在计算机中的应用进行了卓有成效的研究。特别值得一提的是,1984年美国Apple公司在其著名的Macintosh计算机上首先使用了位图(Bit Map)概念来处理图形和图像,并且首先采用了以窗口(Window)、图标(Icon)、鼠标(Mouse)为基础的图形用户界面(Graphical User Interface,GUI)。

多媒体数据的特点之一是数据量庞大。半导体存储器在可以接受的成本下存储量远远不够;磁带存储的存储量可以满足多媒体的要求,但它的速度低和顺序存取的特点又不能满足多媒体的要求。因此,多媒体技术渴求一种速度高、体积小、存取方便的海量存储器。1982年,Philips公司和Sony公司联合推出了数字激光唱盘。1985年,这两个公司又一起推出了专门为计算机设计的只读光盘系统(CD-ROM)。光盘存储系统正好适应了多媒体技术的要求,可以说光盘存储系统的出现标志着多媒体技术进入了实用阶段。1989年,Intel公司和IBM公司共同推出了采用数字视频交互系统(Digital Video Interactive,DVI)技术的第一代多媒体产品Action Media 750,这一产品被公认为多媒体产品的首创之作。

20世纪90年代以后,各种各样的多媒体产品出现,并且很快地进入市场。其中支持数字录音的音效适配器和支持数字录像的视频适配器可以将声音和视频图像输入计算机,它们还支持将经过计算机处理的数字声音信号和数字视频信号进行数模转换后输出到扬声器和显示器,使得计算机具有了多媒体实时数据采集和播放功能。

(二)多媒体技术的现状

20世纪90年代以后的计算机,特别是微型计算机已经被应用于社会生活的各个领域。与此同时,计算机网络技术更是以迅雷不及掩耳之势遍布全世界。在超大规模集成电路的支持下,在以计算机网络为基础、有庞大的用户群的大环境下,多媒体技术的发展更是如鱼得水。近年来,多媒体技术无论是硬件还是软件都有了新的进展。

(三)多媒体技术的展望

21世纪是在全球科学技术继续突飞猛进的发展中到来的。和计算机科学技术相关的物理学、电子学、生物学、半导体技术、新材料技术等都是非常活跃和发展迅速的学科。可以预计计算机科学技术在21世纪还会以非常高的速度发展。计算机的运算速度越来越高,并且计算能力越来越强,人工智能越来越接近实用;而多媒体技术所要求的超大规模的数值和非数值计算、超大容量的数据存储、智能化的多媒体数据库和人性化的人机交互能力等方面都依赖于计算机技术的发展,因此21世纪的多媒体技术会与计算机技

术同步地高速发展。根据计算机技术发展趋势和人们对多媒体技术的要求,多媒体技术将会向着以下几个方面发展。

1. 高分辨率多媒体播放

随着高分辨率电视的普及和数字电视逐步代替模拟电视,高分辨率的多媒体播放将会很快地走进寻常百姓之家。

2. 高速多媒体数据传输

高速宽带网络技术已经使网络的数据传输速率达到了千兆级,网络设备的发展和成本的降低使得光纤普及已经成为可能,这将极大地提高人们上网的速度。人们可以享受到高速的网络服务,甚至可以在网上观看高分辨率的多媒体电影。

3. 智能化多媒体信息服务

人工智能技术的发展,使得多媒体信息服务向着更加人性化的方向发展。人机交互会变得更加简单,更加个性化。

4. 多媒体技术规范化和标准化

随着世界经济技术全球一体化进程的加快,多媒体技术的规范化和标准化也在迅速发展。电信网、有线电视网和计算机网络在网络层上可以实现互联互通,形成无缝覆盖将会成为现实。人们将会得到更规范、更高质量、更方便、更多样化的多媒体技术服务。

 **任务总结**

本任务的完成使我们对多媒体与多媒体技术有了深刻的了解。从20世纪80年代以来,多媒体技术得到迅速发展并广泛应用到各行各业。多媒体技术将文本、图形图像、动画等元素集成到计算机系统中,创建了界面生动、浏览快捷的环境,给人们带来了完美的视觉和听觉享受。掌握多媒体技术,人类将会享受到计算机技术发展带来的更多好处。

 **任务拓展**

同学们可以对身边的多媒体技术应用作品进行鉴赏,如平面、动画、DV、网站、课件类作品。

任务二　掌握 Windows 中的多媒体功能

任务导入

　　Windows 操作系统提供了强大的多媒体技术支持,增强了 Windows Media Player,提供了全面的多媒体支持,可用于播放当前流行格式制作的音频、视频和混合型多媒体文件;通过 Windows Movie Maker 可以制作出具有高质量的视频文件,而且制作出来的视频文件体积小,可直接发布到 Web 上,与亲朋好友共享。

任务分析

　　本次任务是完成 Windows 中多媒体功能的简单操作。了解 Windows Media Player 的简单功能,如播放和嵌入音视频文件、收听在线广播;运用“录音机”录制和编辑声音;设置多媒体,如音量、声音方案、音频、语音及硬件属性。

任务实施

一、Windows Media Player 简单功能

(一) Windows Media Player 界面简介

　　选择“开始”→“程序”→“附件”→“娱乐”→“Windows Media Player”命令,打开Windows Media Player 窗口,如图 1-1 所示。

图 1-1　Windows Media Player 窗口

Windows Media Player 窗口的左侧"功能任务栏"包括 7 个按钮,分别对应 7 个主要的播放功能:正在播放、媒体指南、从 CD 复制、媒体库、收音机调谐器、复制到…和外观选择器。功能任务栏按钮的作用见表 1-1。

表 1-1 "功能任务栏"按钮的作用

名　称	功　能
正在播放	向用户播放视频或可视化效果
媒体指南	为用户在网络上查找 Windows Media 文件提供操作向导
从 CD 复制	从 CD 唱盘中复制曲目到本地计算机上的"媒体库"中
媒体库	包含计算机或 Internet 上的各种媒体文件内容的链接,也可用于创建用户喜爱的音频和视频内容的播放列表
收音机调谐器	为用户提供查找、收听在 Internet 广播电台的内容,并为用户预置最喜爱的频道,以便今后可以迅速找到这些电台
复制到…	把已存储在"媒体库"中的曲目创建(刻录)成 CD。用户还可以利用这一功能将曲目复制到便携设备或存储卡中
外观选择器	可以使用户更改 Windows Media Player 的外观显示

在窗口的下方,有许多控制按钮,用于控制当前正在播放的文件,各按钮的功能见表 1-2。

表 1-2 Windows Media Player 控制按钮的名称及功能

名　称	功　能
播放	开始播放打开的媒体文件。默认情况下,文件在打开时即自动开始播放
暂停	暂时停止播放媒体文件,单击"播放"按钮可继续进行
停止	停止当前正在播放的文件。它不会断开与服务器的链接
到开始	返回到当前曲目的开始部分;如果已经在开始位置则返回到上一个曲目的开始部分
到最后	结束当前文件的播放。如果当前打开了多个文件,则立即跳转到下一个播放文件
静音	屏蔽文件的音频内容。再次单击"静音"按钮可重新听到声音
音量控制	控制当前播放曲目的音量

注意:当用户将光盘插入光驱时,多媒体有自动播放功能,用户不需要自动播放时,可以在 CD-ROM 的属性中取消"自动插入通告"选项或者按住 Shift 键,直到光驱指示灯灭了为止。

(二)播放多媒体文件

使用 Windows Media Player 播放多媒体文件的操作步骤如下。

(1)在 Windows Media Player 窗口中选择"文件"→"打开"命令,打开如图 1-2 所示的对话框。

(2)在"打开"对话框中选择想要播放的媒体类型。

· CD 音频曲目(.cda)

· MIDI 文件(.mid、.rmi、.midi)

· Windows Media 文件(.asf、.wm、.wma)

· 媒体播放列表文件(.asx、.wax、.m3u、.wvx)

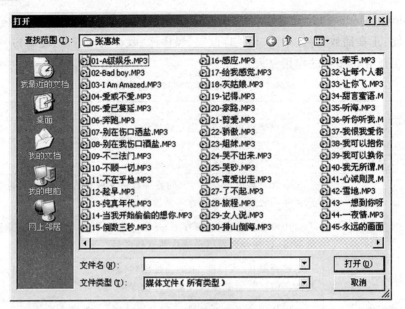

图 1-2 "打开"对话框

- 电影文件(.mpeg、.mpg、.mlv、.mp2)
- 视频文件(.avi、.wmv)
- 音频文件(.wav、.snd、.au、.aif、.aifc)

如果有 CD-ROM,将会见到 VIDEO FOR WINDOWS 和 VISCA VCR DEVICE 之类的选项,也可以见到"CD 音频",它是用来播放 CD 音乐盘的。

(3)单击"播放"按钮,可开始播放文件。单击"暂停"或"停止"按钮可终止播放。如果打开了多个文件,则可单击"向前"或"下一个"按钮,在曲子中间选择。单击"快进"或"倒带"按钮,可以在媒体文件或设备中快速地前进或后退。

(三)设置 Windows Media Player

在 Windows 操作系统中,用户可以根据自己的喜好进行个性化的设置,包括改变 Windows Media Player 界面、选择可视化效果等。

(1)更改 Windows Media Player 界面。Windows Media Player 提供了多种不同风格的界面供用户选择。要更改 Windows Media Player 界面,可执行以下操作。

①打开 Windows Media Player 窗口。

②单击 "外观选择器"按钮,如图 1-3 所示。

③在打开的选择外观列表框中选择所需的界面,然后单击 "应用外观"按钮,即可将选定的界面应用到 Windows Media Player 上,如图 1-4 所示。单击"更多外观"按钮,可在网络上下载更多的界面。

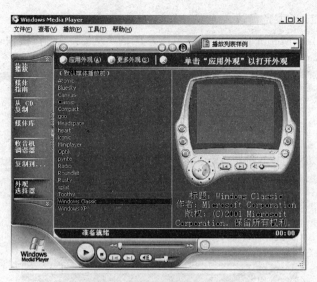

图1-3 "外观选择器"窗口

图1-4 处于外观模式下的媒体播放器

(2)选择可视化效果。可视化效果是指随着播放的音频节奏而变化彩色光线和几何形状。当Windows Media Player处于完整模式时,可视化效果显示在"正在播放"功能中。当播放机处于外观模式时,只有在该外观支持时才显示可视化效果。

注意:完整模式是Windows Media Player的默认视图,具有Windows Media Player的所有功能,而在外观模式下,用户只能对当前正在播放的音频或视频应用一些常规的调节功能。用户可以通过"查看"→"完整模式"/"外观模式"命令来进行两种模式的切换。

(四)复制CD音乐

在以往的Windows操作系统中,用户只能通过使用专门的工具软件将CD上的音乐转换成MP3、WMA等格式文件保存在硬盘上。现在Windows中新增了复制CD音乐的功能。用户通过Windows Media Player可以轻松地将CD音乐复制到本地磁盘中,具体操作步骤如下。

（1）首先将 CD 音乐光盘放入光驱。

（2）在 Windows Media Player 窗口单击左侧的"从 CD 复制"按钮，系统会自动将窗口的右窗格切换到复制 CD 音乐模式下，如图 1-5 所示。

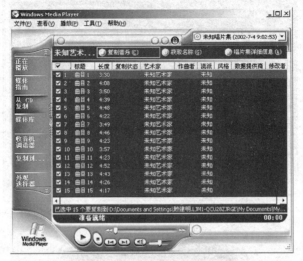

图 1-5 "从 CD 复制"窗口

（3）在媒体播放器窗口的右窗格中，系统列出了 CD 光盘中的所有曲目，默认以所有的曲目作为选定对象。选定了复制的曲目后，单击"复制音乐"按钮将自动进行 CD 音乐的复制工作，并显示出当前复制的进度，如图 1-6 所示。

图 1-6 "正在从 CD 音乐盘上复制"窗口

（4）当 Windows Media Player 所选定的曲目复制完毕后，Windows 会将复制好的音频文件保存到％System％:\Documents and Settings\用户名\My Documents\My Music 文件夹中（其中％System％指 Windows 的安装盘符），如图 1-7 所示。

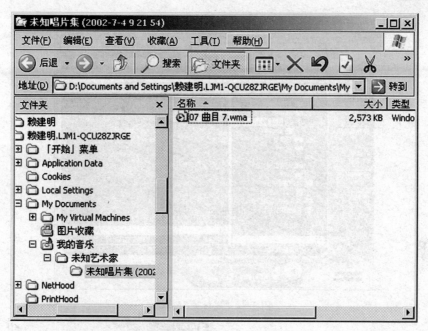

图 1-7　"我的音乐"文件夹

（五）创建播放列表

　　如果用户计算机上的多媒体文件很多，难免会出现混乱或者找不到所需的文件等情况，这时就可以将这些多媒体文件按照用户所需的类型分类存放，以便在需要的时候可以方便地调用。播放列表将媒体内容集中在一起，并储存媒体内容的位置，位置可以是本地计算机、网络中的另一台计算机，或者是 Internet。播放播放列表中的项目时，Windows Media Player 会在该文件的位置访问它，并播放该文件。

　　创建播放列表的操作步骤如下。

　　（1）在 Windows Media Player 窗口左侧单击"媒体库"按钮，打开 Windows Media Player 的"媒体库"窗口，如图 1-8 所示。

　　（2）在窗口界面顶部单击"新建播放列表"按钮，在打开的如图 1-9 所示的"新建播放列表"对话框中输入播放列表的名称。

　　（3）新建的播放列表将添加到左边窗格中的"我的播放列表"文件夹中。

　　（4）要将项目添加到播放列表中，可以在右边窗格中选择该项目，在该项目上右击，然后在弹出的快捷菜单中选择"添加到播放列表"命令，在打开的如图 1-10 所示的对话框中选择播放列表。

　　（5）单击"确定"按钮即可完成创建播放任务。

图 1-8 "媒体库"窗口

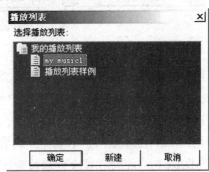

图 1-9 "新建播放列表"对话框　　　　图 1-10 "播放列表"窗口

如果用户要在播放列表中删除某个项目,可执行如下操作步骤。

(1)在 Windows Media Player 中单击"媒体库"按钮,进入"媒体库"窗口。

(2)在媒体库目录树中选择单击某个类别,然后在右边窗格的项目列表中找到要删除的项目。

(3)在该项目上右击,在弹出的快捷菜单中选择"从库中删除"命令。已删除的项目被移动到"媒体库"中的"已删除的项目"文件夹中。

(六)收听在线广播

Windows XP 极大地加强了 Windows Media Player 在网络方面的功能,通过其中提供的在线媒体功能,用户可以方便地登录到 Internet 上收听在线广播,具体操作步骤如下。

(1)使用拨号网络连接到 Internet。

(2)在 Windows Media Player 窗口中单击左侧的"收音机调谐器"按钮,进入"收音机调谐器"窗口,如图 1-11 所示。

图 1-11 "收音机调谐器"窗口

(3)在该窗口的左侧区域中,列出了目前可用的一些广播地址,双击列表框中的任意一个地址,即可链接站点并收听节目。

(4)用户可以在窗口右侧"查找更多电台"区域中进行搜索,系统在搜索 Internet 之后,会显示出符合要求的所有电台。双击该列表框中的任意一个电台名称,即可接通并收听该电台的节目。

二、运用"录音机"录制和编辑声音

(一)启动"录音机"

(1)选择"开始"→"程序"→"附件"→"娱乐"命令。

(2)在"娱乐"子菜单中选择"录音机"命令,启动录音机,如图 1-12 所示。

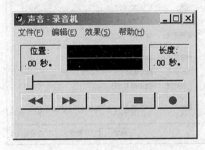

图 1-12 "录音机"窗口

(二)播放录音

(1)选择"文件"→"打开"命令,显示如图 1-13 所示的对话框。

图 1-13 "打开"对话框

(2)从多媒体文件夹中选择任意波形文件。

(3)单击"打开"按钮播放录音。

(三)录音

录制声音可通过专用声音处理程序来完成,这里使用 Windows 的"录音机"程序。

(1)要想录制声音,需先将麦克风接到用户声卡上,或连接到另外声源的电缆上。

(2)选择所录声音的属性,如图 1-14 所示。

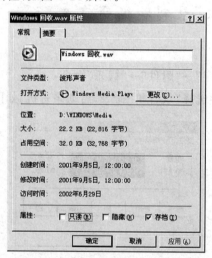

图 1-14 所录声音的属性

(3)单击"录音机"按钮,开始录音。消息条指示正在录音,并显示用户可以录制的最长时间。

(4)录音完毕后,单击"停止"按钮。

(5)使用"效果"菜单调整声音效果。

(6)保存声音文件。

(四)声音的编辑

在实际应用中,若需要特殊效果的声音,可在声音录制完成后,对声音文件进行后期编辑,得到特殊的声音效果。利用"录音机"程序可以对声音进行简单的编辑,但为了得到更好的声音效果,应该选择专用的声音处理软件,如 Goldwave 等。这里只介绍"录音机"程序对声音的编辑处理。

1. 声音删除

删除是进行声音处理的一种最基本的手段,它可以将用户声音文件中无用的内容删掉。删除声音文件中不需要的片断,不仅提高了声音素材的质量,而且通过减少声音文件的长度而减少了文件的存储空间。

删除声音分为从当前点前删除(删除由声音文件的开头到当前位置为止的一段声音)和从当前点后删除(删除由当前位置开始到声音文件末尾的一段声音文件),声音删除操作步骤如下。

(1)单击"播放"按钮,仔细聆听录制的声音文件或拖动按钮,确定要修改声音文件的当前位置,如果播放的内容比较快时,可以适当地降低播放速度,准确地找到欲删除的位置。

(2)欲从当前点向前删除,选择"编辑"→"删除当前位置以前"命令,删除当前位置之前的所有声音。

(3)欲从当前点向后删除,选择"编辑"→"删除当前位置以后"命令,将删除当前位置之后的所有声音。

(4)拖动"位置调整钮"到最左端,单击"播放"按钮播放修改后的声音文件,确认无误后,使用"保存"命令按原名保存或使用"另存为"命令重新命名进行存盘。

2. 声音效果处理

"录音机"有许多声音效果处理功能,利用这些功能,可以提高声音文件的效果。

(1)加大音量。以 25% 的比例增大声音文件音量。

(2)降低音量。以 25% 的比例减小声音文件音量。

(3)加速。以 100% 的比例提高声音文件播放速度。

(4)减速。以 100% 的比例降低声音文件播放速度。

(5)添加回音。添加回声效果。

(6)转向。逆向播放声音文件。

如果对声音所做的效果处理不满意,可以选择"文件"→"恢复"命令,这时从上次存盘到目前为止所做的修改将全部被撤销。

三、设置多媒体

Windows 强大的多媒体功能给用户的生活带来了许许多多的乐趣,赢得了广大用户的喜爱。要想充分发挥 Windows 的功能,应首先进行一些设置,以达到最佳的视听效果。

在"控制面板"窗口中双击"声音和音频设备"图标,打开"声音和音频设备属性"对话

框,如图 1-15 所示。在该对话框中,用户可以设置声音、音频、语音及各种多媒体硬件设备的属性参数。

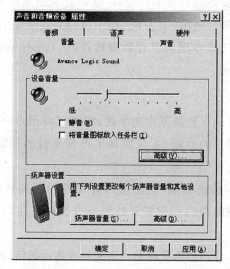

图 1-15 "声音和音频设备属性"对话框

(一)设置音量

(1)在如图 1-15 所示的对话框中,打开"音量"选项卡。

(2)在"音量"选项卡中,用户可以在"设备音量"选项区域中拖动滑块调整音频设备的音量。若选中"静音"复选框,则不输出声音;若选中"将音量图标放入任务栏"复选框,则在任务栏的通知区域中将出现"音量"图标。用户单击"高级"按钮,打开"扬声器"窗口,如图 1-16 所示,在该窗口中,用户可以方便地对各种声音媒体的音量进行调节和控制,如调节 MIDI 设备的音量、CD 唱机的音量、PC 扬声器的音量等。

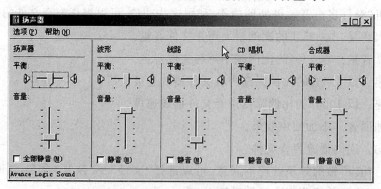

图 1-16 "扬声器"窗口

在"扬声器设置"选项区域中单击"扬声器音量"按钮,可打开"扬声器音量"对话框,如图 1-17 所示,调整扬声器的音量。

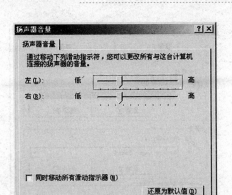

图 1-17　"扬声器音量"对话框

(二)设置事件的声音方案

在 Windows 操作系统中,用户所进行的大多数操作事件对应一个声音方案,如启动计算机时的背景音乐。要设置事件的声音方案,可执行如下步骤。

(1)在如图 1-15 所示的对话框中,单击"声音"标签,打开"声音"选项卡,如图 1-18 所示。

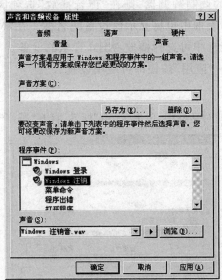

图 1-18　"声音"选项卡

(2)在该选项卡中的"程序事件"列表框中,用户首先选择一种程序事件,然后在"声音方案"下拉列表框中选择一种声音方案。如果要为该程序事件选择另一种声音方案,可单击"浏览"按钮。

(3)单击"应用"按钮,即可应用设置。

(三)设置音频设备

(1)在如图 1-15 所示的对话框中,单击"音频"标签,打开"音频"选项卡,如图 1-19 所示。

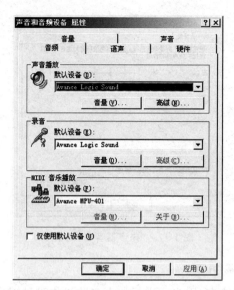

图 1-19　"音频"选项卡

（2）在"音频"选项卡中，用户可以选择播放声音的首选设备，如果计算机中只安装了一块声卡，那么系统会将它作为默认的音频设备，如果计算机不只安装了一块声卡或安装有音频输入、输出功能的调制解调器，则在"声音播放"选项区域和"录音"选项区域中的两个"默认设备"下拉列表框中也将显示该设备的名称。在"MIDI 音乐播放"选项区域中的"默认设备"下拉列表框中可选择播放 MIDI 音乐的设备。

（3）设置完毕后，单击"应用"按钮即可应用设置。

(四)设置语音

（1）在如图 1-15 所示的对话框中，单击"语声"标签，打开"语声"选项卡，如图 1-20 所示。

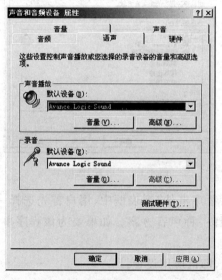

图 1-20　"语声"选项卡

（2）在该选项卡中的"声音播放"选项区域中的"默认设备"下拉列表框中可选择播音的默

认设备,在"录音"选项区域中的"默认设备"下拉列表框中可选择录音的默认设备。单击"测试硬件"按钮,可在弹出的"声音硬件测试向导"对话框中进行录音及播音的测试。

(3)设置完毕后,单击"应用"按钮即可应用设置。

(五)设置硬件属性

(1)在如图 1-15 所示的对话框中,单击"硬件"标签,打开"硬件"选项卡,如图 1-21所示。

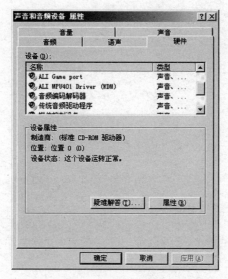

图 1-21　"硬件"选项卡

(2)"设备"列表框中列出了用户计算机上的所有多媒体硬件设备。选择一种声音和音频设备,可在"设备属性"选项区域中看到该设备的详细信息。单击"属性"按钮,可查看该设备的属性及详细信息、驱动程序等。

(3)单击"应用"和"确定"按钮即可。

任务总结

　　Windows 强大的多媒体功能给用户的生活带来了许许多多的乐趣,Windows Media Player 可以播放、编辑多媒体文件,收听广播、新闻报告;"录音机"是 Windows 中录制和编辑声音的软件,该软件可将外部声音录制在磁盘中,以 WAV 的格式保存。要进行录音,用户的计算机中必须有声卡和麦克风。

任务拓展

运用 Windows 中的录音机程序录制一段声音并将其保存。

项目2 多媒体计算机系统

情境导入

多媒体技术是一个建立在计算机硬件技术、软件技术、多媒体计算机外部设备及通信技术基础之上的综合应用系统。多媒体技术不是在一般个人计算机上简单地增加一些可以表现声音和图形/图像的硬件,然后再安装几个多媒体软件就可以实现的。多媒体技术是一个完整的技术体系,应该把它看作一个完整的技术系统。

学习目标

1.了解多媒体计算机硬件系统及其配置。

2.了解多媒体计算机软件系统的组成。

3.了解多媒体设备的输入和输出功能。

能力目标

1.对多媒体计算机系统建立整体认识。

2.了解多媒体个人计算机的配置。

3.熟悉部分多媒体输入输出设备的操作方法。

任务一　认识多媒体计算机软硬件系统

任务导入

计算机硬件系统包括计算机主机（CPU、内存、主板）和各种外部设备的接口板卡。计算机软件系统包括多媒体系统软件、多媒体计算机外部设备驱动软件、多媒体素材获取及编辑软件、多媒体创作软件和多媒体播放软件。

任务分析

本次任务是认识多媒体计算机硬件系统和软件系统。任何一个完整的计算机系统都是由硬件系统和软件系统组成的，多媒体技术的应用对计算机硬件系统有着更高的要求；多媒体计算机的软件系统是多媒体硬件发挥作用的动力，软件系统的优劣会直接影响到整个多媒体系统是否能发挥出最好的效果。

任务实施

一、多媒体计算机硬件系统

（一）多媒体个人计算机

多媒体技术的应用对计算机硬件系统有着不同于一般商用和办公用计算机的要求。多媒体技术对计算机要求的特点如下。

- 大量的人机交互操作和庞大的多媒体信息输出的高度集成，如电子游戏。
- 不同媒体信息连续、实时、同步输出，如数字电影的播放。
- 实时、连续的交互信息输入与同步的、实时的大量信息处理，如实时语音识别。

多媒体技术的这些特点对微型计算机硬件系统提出了比较高的要求。这些要求在十多年前，对一般微型计算机而言是很难达到的。那时，人们把可以支持多媒体技术的微型计算机系统称为多媒体个人计算机（Multimedia Personal Computer，MPC）。

当时多媒体个人计算机的标准配置模式是：个人计算机＋ CD-ROM 驱动器＋声卡。

如今，多媒体计算机系统的各个部分都有了非常大的进展，所以 MPC 这个概念已被逐步地淡化。但是，即使计算机技术发展得如此迅速，现在的计算机也不一定能满足多

媒体技术的发展要求,因为人们对多媒体系统的性能和品质的要求也在随之提高。例如,高清晰度三维电子游戏和高清晰度数字电影的全屏播放对计算机的性能指标要求很高。

(二)多媒体计算机外部设备的配置

近年来,无论是计算机系统本身还是多媒体计算机外部设备,都有了很大的发展。就多媒体计算机外部设备而言,无论是品种还是性能发展都很迅速。特别要指出的是,计算机系统和多媒体计算机外部设备在提高性能的同时,价格还在不断地下降。所以,现在大多数用户在配置个人计算机时已经将多媒体计算机外部设备作为标准配置来选购。目前常见的多媒体计算机外部设备配置情况如图 2-1 所示。

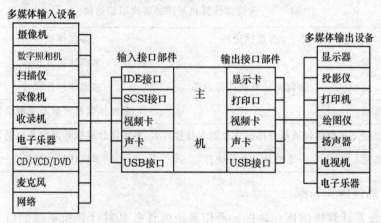

图 2-1　多媒体计算机外部设备配置示意图

多媒体计算机外部设备分为输入设备和输出设备两类。其中,绝大部分设备的功能是单一的,个别设备同时具有输入和输出功能,如具备音乐数字接口的电子乐器就是双向设备。

各种多媒体计算机外部设备与计算机的连接要通过不同的接口部件。有的接口部件直接装置在计算机主板上,如 CD/VCD/DVD 光盘驱动器的 IDE 接口;有的接口部件是计算机的标准通用配置,放置在机箱上便于外部设备的连接,如打印机、扫描仪的并行接口和通用串行总线接口(Universal Serial Bus,USB);还有的接口部件是插在计算机扩展插槽上的专用或通用接口卡,如驱动显示器的显示卡、接收麦克风信息和驱动扬声器的声卡及连接某些扫描仪的专用小型计算机系统接口(Small Computer System Interface,SCSI)卡。不同的接口部件需要不同的驱动程序的支持。其中 IDE 接口和计算机的标准并行接口和串行接口的驱动程序都包含在操作系统中。而插在计算机扩展总线上的各种专用接口卡的驱动程序通常由具体的设备制造商提供。之前,美国微软公司在推出的 Windows 98 操作系统时就推行了一个即插即用技术(Plug and Play,PNP),就是在 Windows 系列操作系统中集成了上千种外部设备的驱动程序,使用户在购买了新的外部设备后不必很麻烦地自己安装设备驱动程序。用户只需把外部设备连接到计算机上,操作系统会自动识别该设备,并自动驱动它,给广大用户提供了很大的方便。但

是，由于计算机外部设备发展很快，一些新型号外部设备的驱动程序并没有被包含在操作系统中。对于这样的外部设备，用户还要自己安装驱动程序。

二、多媒体计算机软件系统

像多媒体硬件系统一样，根据各种软件在多媒体计算机系统中的作用和地位，多媒体软件也可以按层次来排列，多媒体计算机系统的层次组织结构见表 2-1。表中列出了多媒体软件系统由多媒体操作系统、多媒体计算机外部设备驱动软件、多媒体素材获取及编辑软件、多媒体创作软件、多媒体播放软件这 5 类软件组成。下面分别介绍这 5 类软件。

表 2-1 多媒体计算机系统的层次组织结构

层 次	多媒体硬件	多媒体软件
第 5 层		多媒体播放软件
第 4 层	多媒体计算机外部设备	多媒体创作软件
第 3 层		多媒体素材获取及编辑软件
第 2 层	多媒体计算机外部设备控制卡及接口卡	多媒体计算机外部设备驱动软件
第 1 层	多媒体计算机硬件	多媒体操作系统

(一)多媒体操作系统

操作系统是计算机的核心软件。操作系统的任务是对计算机系统的所有软硬件资源进行合理的管理、分配、调度和控制，操作系统可以优化计算机的配置，改善资源的共享，协调计算机各个部件的操作，为用户提供友好的人机交互界面，以期能最大限度地发挥计算机的效能。

多媒体操作系统是能够支持多媒体功能的操作系统。多媒体操作系统除了具有一般操作系统的功能，还具备如下支持多媒体技术的功能。

- 管理和控制多媒体计算机外部设备。
- 传输、存储、处理多媒体数据。
- 协调和综合利用各种多媒体计算机外部设备。

根据多媒体计算机系统的用途，多媒体操作系统大致可以分为以下两类。

(1)专用多媒体操作系统。它们通常配置在一些公司推出的专用多媒体计算机系统上。

(2)通用多媒体操作系统。随着计算机技术的发展，越来越多的普通计算机都具备了多媒体功能。因此，通用多媒体操作系统也就应运而生了。目前，世界最流行的通用多媒体操作系统是美国微软(Microsoft)公司的 Windows 系列操作系统。

(二)多媒体计算机外部设备驱动软件

多媒体计算机外部设备驱动软件是多媒体计算机软件中直接和多媒体计算机外部

设备打交道的软件。它们是一种常驻内存、后台自动运行的软件，对于用户来说，它们是透明的或者说是看不见的。但是，多媒体驱动软件是非常重要的和必不可少的。

(三)多媒体素材获取及编辑软件

多媒体素材获取及编辑软件是用户与多媒体计算机外部设备直接打交道和直接处理具体多媒体数据的软件。它们是多媒体开发环节中的基础软件，其中的素材获取及编辑两个功能实际上是用户完成多媒体数据存储的两个步骤。

多媒体素材获取及编辑软件种类很多，从软件所处理的媒体种类来看，大致可以分为音频编辑软件、图形/图像编辑软件、视频编辑软件、动画编辑软件几大类。常用的音频编辑软件有 Sound Edit、Cool Edit 等；图形/图像编辑软件有 Illustrator、CorelDraw、Photoshop 等；视频编辑软件有 Premiere 等；动画编辑软件有 Animator Studio、3D Studio MAX 等。

(四)多媒体创作软件

多媒体创作软件是多媒体开发环节中的中层软件。这类软件的主要任务是为用户能够将各种多媒体素材制作成一个完整的多媒体产品提供一个创作平台。通常一个完整的多媒体产品包含各种类型的多媒体信息，这就要求这类软件可以编辑、处理各种多媒体素材。这类软件除了具备处理和编辑各种多媒体信息的功能，还必须具备制作完整的软件产品的能力，如要具备管理和控制各种多媒体信息播放流程的功能，要具备生成友好的多媒体人机交互界面的功能等。常用的这类软件有 Authorware、Director、PowerPoint 等。

(五)多媒体播放软件

多媒体播放软件又称为多媒体应用系统，这类软件是多媒体开发环节中的上层软件。它的主要功能是为多媒体产品的最终用户提供一个多媒体播放平台。由于这类软件所面对的用户绝大多数是非计算机技术人员，所以要求这类软件必须具备非常友好的人机交互操作界面；必须具有操作简单、方便、直观等特点；此外，这类软件还必须具备超强的容错和纠错能力。这类软件被广泛地应用于各个领域，如文化教育、电子出版、电子娱乐、电子信息咨询、商业和金融服务等各个领域。常用的这类软件有 Media Player、Real Player、Acrobat Reader、超级解霸等。

 任务总结

本任务的完成将使我们认识到多媒体技术是一个完整的技术体系，多媒体计算机系统是一个建立在计算机硬件技术、软件技术、外部设备等基础上的综合应用系统。

任务拓展

同学之间互相交流曾经使用过的或从网络上了解到的多媒体软件，试着运用此软件进行简单创作。

任务二　熟悉多媒体计算机外部设备

任务导入

多媒体计算机的外部设备指的是能够完成某种多媒体信息输入或输出的计算机外部设备。多媒体计算机外部设备的产品很多，根据它们与计算机的关系，可将它们分为以下两大类。

- 输入设备：将多媒体信息转变为计算机数据输入到计算机中的设备。
- 输出设备：接收来自计算机的多媒体数据，并将其还原或保存起来的设备。

有些多媒体设备既有输入功能，又有输出功能，如声卡、电子乐器等。

任务分析

本次任务是了解一些多媒体计算机外部设备。多媒体计算机输入设备，如摄像机、数码相机、扫描仪等；多媒体计算机输出设备，如显示器、打印机等；多媒体计算机光存储设备，如 CD、VCD、DVD 等。

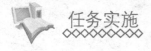

任务实施

一、多媒体计算机输入设备

(一)摄像机

摄像机是视频信号的主要来源，通常分为专业摄像机、家用摄像机、工业用摄像机等几类,如图 2-2 所示。使用摄像机可以将日常生活场景、娱乐节目、工业、农业、安全监控、科研实验的显微图像等信息输入计算机。不同类型的摄像机需要通过不同的接口部件将视频信号输入计算机。现在使用的摄像机的成像器件通常是电荷耦合器件(Charge Coupled Device,CCD),CCD 具有动态范围大、不怕强光照射、体积小、重量轻等优点,是非常理想的成像器件。家用摄像机分辨率一般为 350 线;高档工业摄像机分辨率为 600 线左右;专业摄像机的分辨率可以超过 800 线。摄像机一般要通过视频卡才能将视频信息输入计算机。

(二)数码相机

数码相机是胶片照相机的更新换代产品,如图 2-3 所示。目前,它已经从专业人员使用的昂贵设备变为大众可以接受的普通设备。数码相机的成像器件也是 CCD。数码相机的存储器采用了一种断电不丢失数据的快速存储器,也称为快闪存储器(Flash Memory)。数码相机带有数字接口,可以很方便地通过普通串行接口或通过 USB 接口与计算机相连,将照片数据输入计算机。低档数码相机的分辨率是 640×480 像素的画面,即 30 万($640 \times 480 = 307\ 200 \approx 300\ 000$)像素;中档数码相机的分辨率是$1\ 024 \times 768$像素的画面,即 78 万($1\ 024 \times 768 = 786\ 432 \approx 780\ 000$)像素;而高档数码相机的分辨率则可达到 $1\ 600 \times 1\ 280$ 像素的画面,即 200 万($1\ 600 \times 1\ 280 = 2\ 048\ 000 \approx 2\ 000\ 000$)像素。

图 2-2　摄像机　　　　图 2-3　数码相机

(三)扫描仪

扫描仪是一种将静态画面以高分辨率和高精度的效果通过扫描的方式输入计算机的仪器,如图 2-4 所示。扫描仪被广泛地应用于平面设计、广告设计、文字和图形识别中。扫描仪的成像器件也是 CCD。但是,数码相机采用的是面阵 CCD,而扫描仪采用的是线阵 CCD。扫描仪的分辨率以每英寸像素点(Dots Per Inch,DPI)为指标。低档扫描仪的分辨率为 400~600dpi;中档扫描仪的分辨率为 900~1 000dpi;高档扫描仪的分辨率超过了 1 200dpi。扫描仪与计算机的接口方式比较多,有的采用 SCSI 接口,有的采用并行接口,有的采用 USB 接口。

(四)电子乐器

电子乐器和计算机之间有标准的音乐设备数字接口(Musical Instrument Digital Interface,MIDI)。通过 MIDI 可以将演奏者演奏的电子音乐输入计算机,也可以将计算

图 2-4　扫描仪

机通过软件合成的电子音乐输出到电子乐器上自动演奏出来。

二、多媒体计算机输出设备

(一)显示器

显示器是计算机标准视觉设备,也是多媒体技术的主要输出设备。常用的显示器有阴极射线管和液晶显示两类。

目前,最常用的是阴极射线管显示器。阴极射线管显示器的工作原理与电视机的原理基本相同。显示器的显示标准从早期的彩色图形适配器(Color Graphics Adapter,CGA)、增强型图形适配器(Enhanced Graphics Adapter,EGA),到后来的视频图形适配器(Video Graphics Adapter,VGA)和超级视频图形适配器(Super Video Graphics Adapter,SVGA),其主要性能指标有了很大的提高。此外,显示器的其他指标,如行扫描速度、场扫描速度、信号带宽等几个指标,也有了很大的提高。

液晶显示器在 20 世纪 80 年代中期就已经用于便携式计算机,如图 2-5 所示。液晶显示器具有重量轻、体积小、能耗低、无闪烁、无辐射等几大优点。但是,液晶显示器也存在一些缺陷,如刷新速度慢、色彩不够纯正、亮度和对比度不够高、观察角度小等缺点。所以液晶显示器暂时还不能代替阴极射线管显示器。

图 2-5　液晶显示器

(二)打印机

打印机是非常传统的计算机输出设备,也称硬拷贝设备。随着多媒体技术的发展,

人们对打印机的要求有了很大的提高,因此也促进了打印机的发展。目前,用于多媒体输出的打印机主要有喷墨打印机和激光打印机,如图 2-6、2-7 所示。还有一些用于某些专用场合的热转印打印机等。

喷墨打印机早在 20 世纪 70 年代就推出了。但是,那时的喷墨打印机分辨率低、色彩少、价格极为昂贵,在很长时间内不能进入主流市场。进入 20 世纪 90 年代以后,喷墨打印机在技术上有了很大的发展,分辨率、色彩真实度和打印速度都有了很大提高,价格也下降很快。因此,喷墨打印机很快就成为市场的主流机型。目前,较好的喷墨打印机使用照片纸打印出的图像已经可以与传统照片相媲美。目前,喷墨打印机的主要指标是:采用 4 色或 6 色墨水,色彩真实,分辨率可达 1 440dpi。但是打印图像速度还比较慢,在打印 A4 复印纸大小的图像时,根据打印分辨率的不同,需要几分钟到十几分钟。受墨水和打印纸的影响,喷墨打印机的打印质量还不能和激光打印机相媲美,而且打印速度也远远低于激光打印机。但是喷墨打印机的价格比激光打印机低得多,所以很受大众的欢迎。

激光打印机是一种高质量的打印机。美国惠普(Hewlett Packard)公司于 20 世纪 70 年代首先推出了激光打印机。激光打印机的工作原理与复印机极为相似。激光打印机也经历了从价格昂贵的高档设备到价格合理的普通设备的过程。20 世纪 90 年代,激光打印机才开始进入主流市场。激光打印机的打印质量极高,甚至可以超过印刷质量。激光打印机的分辨率为 600～1 200dpi。激光打印机的打印速度为每分钟 6～10 页。高档的网络激光打印机的打印速度可以高达每分钟 20 页。彩色激光打印机的打印质量非常高,可以打印出极为逼真的图像。但是,激光打印机的价格较高,尤其是彩色激光打印机的价格更高。

图 2-6　喷墨打印机　　　　　　　　图 2-7　激光打印机

三、多媒体计算机光存储设备

信息量大是多媒体技术的特点之一,传统的存储设备很难满足要求。多媒体计算机光存储设备具有存储容量大、信息密度高、寿命长、携带方便、价格低廉等特点,可以满足

多媒体存储的要求。多媒体计算机光存储设备的存储介质是光盘。光盘现在已经是计算机软件、电子出版物等多媒体信息发行的主要介质。光存储技术的基本原理是：在信息写入时，用激光在光盘刻蚀出信息坑，从而改变光盘表面的光学性质，如光反射率或是反射极化方向。在信息读出时，将一束激光照射在光盘表面上，由于激光照射在有信息坑的部位与无信息坑的部位反射的激光不同，从而得出二进制的 0 或 1。

光盘的规格种类较多，如只读光盘（Compact Disk-Read Only Memory，CD-ROM）、一次性写入多次读出光盘（CD-Write Once Read Many，CD-WORM）、可重复写入光盘（CD-Rewriteable，CD-RW）、视频光盘（Video CD，VCD）。目前，在多媒体技术上常用的主要是 CD-ROM 和 VCD。其中，CD-ROM 的容量为 650 MB，VCD 可以存储 70 分钟左右的电影。光盘数据通过光盘驱动器读出。光盘数据的传输速度以初期的 150 Kb/s 为 1 倍，最快的光盘驱动器的数据传输速度已经达到了 52 倍（7 800 Kb/s）。光存储技术还在不断地发展，光盘正在向着更高的存储密度和更小的体积方向发展。

数字视盘（Digital Video Disc 或 Digital Versatile Disc，DVD）是 CD-ROM 和 VCD 的更新换代产品。DVD 有着比 CD 更大的容量和更快的读取速度。DVD 光盘的容量标准有多种不同的规格。DVD 光盘不但可以双面记录数据，而且每面可以记录两层信息，所以 DVD 光盘的容量从 4.7 GB 到 17 GB 不等。DVD 数据的读取速度最快可以达到 CD 的 9 倍以上，即 8 800 Kb/s。

任务总结

多媒体计算机处理的信息形态有很多，计算机的正常工作依赖于外部设备将这些信息输入或输出，中间结果或最终结果也需要存储在外部设备中或者从外部设备中调入。

任务拓展

选择一种多媒体计算机输入设备获取多媒体素材，并将其显示或打印出来。

项目3 图形/图像处理技术

情境导入

　　视觉是人类最丰富的信息来源之一,从图形、图像、文字到可观察到的种种现象、形体动作等,都是通过视觉来传递的,人类接受的信息约有60%来自视觉,视觉媒体在多媒体技术中占有重要的地位。视觉媒体具有准确直观、具体生动、高效、信息容量大等诸多优点,它的参与使得多媒体技术的发展和应用更加广泛和诱人。

学习目标

　　1.了解计算机图形图像技术基本知识。

　　2.了解数字图像的基本概念,如数字图像的定义、属性。

　　3.掌握图像处理技术基本知识。

　　4.了解数字图像压缩技术与文件格式。

　　5.熟悉 ACDSee 软件界面及其功能。

　　6.熟悉 Photoshop 软件界面与基本工具的作用。

能力目标

　　1.能运用外部设备或软件获取多媒体素材,如图像和文本信息。

　　2.能运用图像处理软件 ACDSee 对图像进行编辑制作。

　　3.能使用 Photoshop 软件进行平面设计,并根据需要进行处理与修改。

任务一　图形图像知识

任务导入

　　图形/图像都是视觉信息,是多媒体技术中最重要的媒体元素。一些统计资料认为,人们获取信息的 60% 来自视觉系统,实际上就是指图形和图像。这里讨论多媒体中的图形和图像。

任务分析

　　本次任务是学习计算机图形图像技术的基础知识。首先了解计算机图形技术基本知识,如计算机图形的定义、计算机图形系统的基本功能。然后介绍数字图像的基本概念和图像处理技术基本知识、数字图像压缩技术与文件格式。通过了解图形图像的基础知识,为下一阶段的学习打下坚实的基础。

任务实施

一、计算机图形技术基本知识

(一)计算机图形的定义

　　计算机图形的基本定义是:使用计算机通过特定的算法和程序,在显示设备上构造出视觉形象来。也就是说,图形是人们通过计算机设计和构造出来的,不是通过数码相机、摄像机或扫描仪摄入的真实景物。既然图形是人们设计和构造出来的,那么它可以是世界上已经存在的物体图形,也可以是完全虚构的物体图形,所以说计算机图形技术是设计和构造真实物体或虚构物体的综合技术。

(二)计算机图形系统的基本功能

　　计算机图形系统至少应该具备以下 5 个基本功能:计算、存储、输入、输出、对话。

- 计算功能:计算机图形系统必须具备在设计和生成图形的过程中所需要的计算、变换和分析等功能,如生成直线、曲线、曲面等几何图形或坐标的几何变换或线段、形体间的求解、剪裁计算或点的包含性检查等。
- 存储功能:计算机图形系统的存储器应该能存放设计和生成的各种几何数据及

形体之间的相互关系,并且可以对这些数据进行实时保存、检索、增加、删除、修改等操作,即应具备数据库功能。

- 输入功能:计算机图形系统应具备将各种几何图形数据及各种命令输入计算机的功能。

- 输出功能:计算机图形系统应该能够在显示器上显示出图形设计和生成过程中各种几何图形的实时状态。在确认得出了满意的结果或有其他输出要求时,应该能够通过打印机或绘图机等设备实现硬拷贝输出。

- 对话功能:计算机图形系统应该能够通过显示器和其他人机交互设备直接进行人机通信。系统在运行过程中应该随时在人的掌握和控制之下。

(三)计算机图形系统的组成部分

计算机图形系统由硬件设备和软件系统组成。

计算机图形系统的硬件设备包括主机、图形显示器及一些图形输入输出设备,如图形的数字化输入板、绘图机、图形打印机等。

计算机图形系统的软件系统包括支持图形格式的操作系统、图形生成和编辑软件、图形应用软件。现代的计算机图形系统与一般计算机系统的主要区别是具有图形输入输出设备,并且安装了各种图形软件应用程序。计算机图形技术对计算机系统的要求比较高。最低的要求是:计算机能有每秒钟运算几百万次的能力,内存应该达到十几兆字节。这就是为什么计算机图形系统到了 20 世纪 80 年代中后期才开始得以普遍推广的原因。现代的计算机系统,无论是基础硬件设备,还是基础软件系统(操作系统),都具备了图形处理能力,所以它们的区别仅仅在于图形的外部设备和图形软件。

(1)计算机图形系统的输入设备。图形输入设备可以将用户所需的图形数据及各种命令转换成计算机所能识别的符号,并且输送到计算机。从逻辑上看,可以将输入的全部操作分为 6 种逻辑功能:定位、笔画、数值、选择、拾取和字符串。每一个逻辑功能也称为一个逻辑设备。这里的逻辑设备不是指具体的物理设备,而是指一种逻辑设备对应于一种特定的物理设备,某一种实际的物理设备,往往可以具备几种逻辑功能。输入设备功能分类见表 3-1。

表 3-1 输入设备功能分类

逻辑功能	相应的典型物理设备	基本功能
定位	鼠标器、拇指轮、图形输入板等	输入一个点坐标
笔画	鼠标器、拇指轮、图形输入板等	输入一系列点坐标
数值	数字键盘	输入一个数字
选择	光笔、功能键	根据一个正整数得到某一种选择
拾取	光笔	拾取一个正在显示的图形
字符串	文字键盘	输入一串字符

(2)计算机图形系统的输出设备。图形输出设备的功能是将图形软件系统制作的图形结果显示出来或制作成硬拷贝得以长期保留。常见的图形输出设备有计算机显示器、图形打印机(激光打印机和喷墨打印机)、绘图机等。早期的图形显示器是价格昂贵的专用显示器,因为那时计算机的显示器分辨率很低,不适合做图形显示。现代计算机的显示器已经有了很大的发展。早期的针式打印机很不适合图形的打印,所以那时打印图形需要使用专用的彩色图形喷墨打印机,而现在一般的办公或商用打印机的性能已经基本满足了图形打印的要求。除了对打印机有特殊要求的场合,已经不需要区分图形打印机还是普通打印机了。绘图机现在确实成了硕果仅存的专用图形输出设备了,但是由于普通打印机的图形打印质量和速度甚至超过了绘图机,所以现在个人计算机已经很少配备绘图机了。

二、数字图像的基本概念

图像是多媒体技术中最重要的元素。数字图像处理开始于20世纪20年代,虽然那时还没有计算机,但是科学家们就已经想到了要用数字技术来进行图像处理。当时,通过海底电缆将一幅经过压缩的数字图像从英国的伦敦传到美国的纽约,一共花费了3个小时。根据当时的技术,这幅图像如果没有压缩,可能要花费一个星期来传输。1964年,美国喷气推进实验室处理了从"徘徊者"宇宙飞船发回的月球照片。这标志着真正意义上的数字图像处理概念的开始。随后,由于计算机这个图像处理技术的基础平台发展迅速,图像处理技术也随之飞速发展起来。如今,图像处理技术作为多媒体技术的核心和中坚已经被广泛地应用于工程学、计算机科学、信息科学、统计学、物理学、化学、生物学、医学甚至文化生活中的美术、出版、电影、电视等各个方面。

(一)数字图像的定义

图像这个概念很难用简单的形象文字来解释或定义。在英语中,有关图像的名词有picture、image、pattern。

- picture 是绘画、图片、电影的意思,主要指由人手工绘制完成的人物、风景等,后来它的概念也扩展到了用照相机拍摄的照片。
- image 是像、景象、映像、映射的意思,主要指用镜头等科技手段得到的视觉形象。
- pattern 的意思主要是指人工设计的模型、样本、图形等。

由此可以看出,英语的 image 更符合多媒体技术中所说的图像。一般而言,图像可以定义为:用某一种技术方法获取,并可以重现于二维媒体上的视觉信息。数字图像可以进一步定义为:以数字的形式记录和存储的图像。数字图像处理(Digital Image Processing)是指用数学方法,利用计算机技术对数字图像进行各种图像信息提取、图像变换和图像识别等操作。

(二)数字图像的属性

一幅图像,除了可以用数学表达式抽象地描述它的光强度,还具有一些必不可少的

属性。图像的属性包含分辨率、像素深度、彩色类型等。

1. 分辨率

经常遇到的分辨率有两种:显示分辨率和图像分辨率。

显示分辨率是指显示器上能够显示出的像素数目。例如,显示分辨率为 640×480 时,表示显示器在垂直方向上有 480 行,在水平方向上每行有 640 个像素,整个显示器就含有 640×480=307 200 个像素点。屏幕能够显示的像素越多,说明显示设备的分辨率越高,显示的图像质量也就越高。目前,计算机使用的显示器主要采用的是阴极射线管 (Cathode Ray Tube,CRT),它与彩色电视机中的显像管原理完全相同。显示器上的每个彩色像素点的颜色由代表红、绿、蓝 3 种模拟的颜色信号的相对强度决定,这些彩色像素点的集合就构成一幅彩色图像。

图像分辨率是指组成一幅图像的像素密度的度量方法。对同样大小的一幅图像,如果组成像素数目越多,则说明图像的分辨率越高,看起来就越逼真;相反,图像就会显得越粗糙。在用扫描仪扫描彩色图像时,通常要指定图像的分辨率,用 DPI 表示。如果用 300 dpi 来扫描一幅 5″×7″ 的彩色图像,就得到一幅 1 500×2 100=3 150 000 个像素的图像。分辨率越高,像素就越多,图像所需要的存储空间也就越大。

图像分辨率与显示分辨率是两个不同的概念。图像分辨率是确定组成一幅图像的像素数目;而显示分辨率是确定显示图像的区域大小。图像分辨率由图像获取时的分辨率决定。此外,在图像处理过程中,图像的分辨率也可能被改变;而显示分辨率取决于计算机的硬件配置,一旦选定了计算机的显示子系统(显示器和显示卡及相应的显示卡驱动程序),那么显示分辨率就只能在该显示子系统的性能指标范围调整。如果显示器的分辨率为 640×480,那么一幅 320×240 的图像只占显示器的 1/4;相反,1 500×2 100 的图像在这个显示器上就只能显示出画面的一部分。

2. 像素深度

(1)像素深度的概念及表示。像素深度是指存储每个像素所用的二进制位数,它也是反映图像分辨率的指标之一。像素深度决定彩色图像的每个像素可以表示的颜色数量,或者确定灰度图像的每个像素可以表示的灰度等级数量。例如,一幅彩色图像的每个像素用 R、G、B 3 个基色分量表示,若每个分量用 8 位二进制数(一个字节)表示,那么一个像素由 24 位二进制数表示,就说像素的深度为 24。在这样的像素深度下,每个像素一共可以表示 2^{24}=16 777 216(16.7M)种颜色。在这个意义上,往往把像素深度说成是图像深度。表示一个像素的二进制位数越多,它能表达的颜色数目就越多,它的像素深度也就越高。

虽然像素深度或图像深度可以很高,但是图像在显示器上显示时的像素深度要受到显示标准的限制,如标准的 VGA 支持 4 位二进制、16 种颜色的彩色图像。在多媒体应用中,推荐至少用 8 位二进制、256 种颜色的显示标准。由于设备成本的制约和人眼分辨率有限,一般情况下,不一定要追求特别高的像素深度。此外,像素深度越深,所占用的

存储空间越大。相反,如果像素深度太浅,那也影响图像的质量,使图像看起来很粗糙和不自然。

(2)图像像素的属性位。在用二进制数表示彩色图像的像素时,除 R、G、B 分量用固定位数表示,往往还增加 1 位或几位作为属性(Attribute)位。例如,用 RGB 5:5:5 表示一个像素时,用 2 个字节共 16 位表示,其中 R、G、B 各占 5 位,剩下 1 位作为属性位。在这种情况下,像素深度为 16 位,而图像深度为 15 位。

属性位用于指定该像素应具有的性质。例如,在 CDI 系统中,用 RGB 5:5:5 表示的像素共 16 位,其最高位(b_{15})用作属性位,并把它称为透明(Transparency)位,记为 T。T 的含义可以这样来理解:假如显示器上已经有一幅图像存在,当一幅图像或者一幅图像的一部分要重叠在上面时,T 位就用来控制原图像是否能被看到。例如,定义 T=1,看不到原图;T=0,则能看到原图。

在用 32 位表示一个像素时,若 R、G、B 3 个颜色分别用 8 位来表示,剩下的 8 位常称为 α 通道位,或称为覆盖位、中断位、属性位。它的用法可以用一个预乘 α 通道的例子来说明。假如一个像素(A,R,G,B)的四个分量都用归一化的数值表示,(A,R,G,B)为(1,1,0,0)时,则该像素显示亮度最高的红色。当像素改变为(0.4,1,0,0)时,预乘了 α 通道系数后的 RGB 3 个颜色的显示结果变为(0.4,0,0),这表示原来像素的红色亮度为 1,显示出的红色亮度降低了 60%。

用这种办法定义一个像素的属性在实际中很有用。例如,在一幅彩色图像上面加文字说明,而又不想让文字把图像盖掉,就可以用这种办法来定义像素,而该像素显示的颜色又有人把它称为混合色。在图像产品生产中,也往往把数字电视图像和计算机产生的图像混合在一起,这种技术称为视图混合技术,也可以通过 α 通道来实现。

3. 彩色类型

弄清真彩色和伪彩色的含义,对于编写图像显示程序、理解图像文件的存储格式有直接的指导意义,也不会对出现诸如这样的现象感到困惑:本来是用真彩色表示的图像,但在 VGA 显示器上显示的图像颜色却不是原来图像的颜色。

(1)真彩色。真彩色是指在组成一幅彩色图像的每个像素值中,有 R、G、B 3 个基色分量,每个基色分量直接确定显示设备的基色强度,这样产生的彩色称为真彩色。例如,用 RGB 5:5:5 表示的彩色图像,R、G、B 各 5 位,每个像素的颜色就由这 3 个分量确定。这种 RGB 5:5:5 的图像,在现实中称为高彩色,可以表现 $2^{15}=32\ 768$ 种颜色。如果用 RGB 8:8:8 方式表示一幅彩色图像,就是 R、G、B 都用 8 位来表示,即每个基色分量各占一个字节,共 3 个字节。每个像素的颜色便由这 3 个字节的数值决定,可以表现 $2^{24}=16\ 777\ 216$ 种颜色。用 3 个字节表示的真彩色图像所需要的存储空间很大,而人的眼睛是很难分辨出这么多种颜色的。因此在许多场合往往用 RGB 5:5:5 来表示,每个彩色分量占 5 个位,再加 1 位显示属性控制位共 2 个字节。按照像素值等级的数目来划分,真彩色图像可以分为 3 种类型,即灰度图像、黑白(二值)图像和彩色图像。

①灰度图像。如果图像的每个像素值只用一个数值表示,当图像输出到显示设备

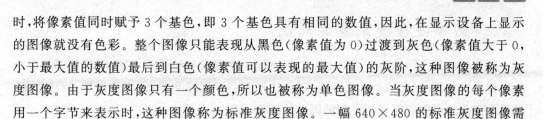

时,将像素值同时赋予 3 个基色,即 3 个基色具有相同的数值,因此,在显示设备上显示的图像就没有色彩。整个图像只能表现从黑色(像素值为 0)过渡到灰色(像素值大于 0,小于最大值的数值)最后到白色(像素值可以表现的最大值)的灰阶,这种图像被称为灰度图像。由于灰度图像只有一个颜色,所以也被称为单色图像。当灰度图像的每个像素用一个字节来表示时,这种图像称为标准灰度图像。一幅 640×480 的标准灰度图像需要 307 200 字节的存储空间。灰度图像适合于表现不需要颜色的视觉形象场合。

②黑白图像。表现黑色或白色两个数值的图像称为黑白图像或者二值图像。图中的每个像素值用一个二进制位存储,每个像素只有"0"或者"1"两个值。黑白图像适合于表现不需要颜色和灰度的线画图和文字图。黑白图像非常节省存储空间,一幅 640×480 的黑白图像只需要 640×480÷8＝38 400 字节的存储空间。

③彩色图像。每个像素由分别表示 R、G、B 3 个颜色的数值组成,可以表现带有色彩的视觉信息,称为彩色图像。彩色图像可按照颜色的数目来划分,如 256 色图像、真彩色或高彩色等。

(2)伪彩色。伪彩色图像是每个像素的颜色不是由每个基色分量的数值直接决定,而是把像素值当作彩色查找表(Color Look Up Table,CLUT)的表项入口地址,去查找一个显示图像时使用的 R、G、B 强度值,用查找出的 R、G、B 强度值确定显示设备的基色强度,这样产生的彩色称为伪彩色。

彩色查找表是一个事先做好的数值表,表项入口地址也称为索引号。例如,16 种颜色的查找表,索引号 0 对应黑色,…,索引号 15 对应白色。彩色图像本身的像素数值和彩色查找表的索引号有一个变换关系,这个关系可以使用 Windows 定义的变换关系,也可以使用用户自己定义的变换关系。使用查找得到的数值显示的是真彩色,但不是图像本身真正的颜色,它没有完全反映原来的彩色。在医学和遥感图像处理中经常使用伪彩色图像来表现获取的信息。

(三)数字图像系统的硬件设备

由于数字图像处理的数据量非常大,计算又非常复杂,因此对计算机系统的要求很高。在 20 世纪 90 年代以前,用于图像处理的计算机都是性能比较好的大、中型机和后来的超级小型机。即使是这样,也还需要专用的图像处理机来提高图像处理的速度。大型计算机加上专用图像处理机组成的图像处理系统价格昂贵,使得图像处理不可能得到普及。20 世纪 90 年代以后,工作站迅速发展起来,工作站的运算速度已经可以和专用的图像处理机相媲美,因此工作站很快就取代了专用的图像处理机,数字图像的硬件处理也变为软件处理。20 世纪 90 年代中后期,美国 Intel 公司的奔腾型 CPU 将个人计算机的性能极大地提高,而且从 1993 年到现在,奔腾型 CPU 已经发展到了第四代,其性能不断提高,价格却在不断下降。这样就使得个人计算机完全可以胜任庞杂的数字图像处理工作。随着个人计算机的图像处理能力的发展,各种图像处理软件也相继开发出来。从最基础的操作系统能够支持图像处理,到各种各样的图像处理软件应有尽有。

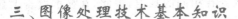
三、图像处理技术基本知识

图像处理是个涵盖很广的概念。根据图像处理要求和结果的不同,图像处理可以分为图像的几何处理、图像的灰度变换、图像的形态特征计算和提取、图像识别、图像恢复、图像重建等。下面简要介绍常用的图像处理方法。

(一)图像的几何处理

图像的几何处理主要是指对图像的几何形状进行改变。常见的图像几何处理包括图像的放大、缩小、裁剪、坐标平移、拼接、旋转等。从数学角度而言,图像的几何变换一般来说是比较简单的变换,其中相对复杂一些的是图像的旋转处理。由于数字图像在空间上是离散的,将一幅图像旋转一定的角度后,会产生一定程度的旋转噪声(旋转 90°及 90°的整数倍角度除外),因此在对图像做任意角度的旋转时要进行插值拟合。常用的插值拟合方法有最邻近法、线性插值法、三次插值法等。

(二)图像的灰度变换

图像的灰度变换是图像处理中最基本的内容。图像的灰度变换也包括对彩色图像的变换。因为如果将彩色图像红、绿、蓝 3 个基色的每一个颜色的数据都看成一幅单独图像,那么每一个颜色的图像就是一幅灰度图像,所以就可以把它们当作一幅独立的灰度图像来处理。

在讨论图像的灰度变换时,首先应该知道一个重要的概念——图像的直方图。图像的直方图是反映一幅图像中各个灰度级出现概率的图形。我们以像素深度为 1 字节的灰度图像为例来讨论图像的直方图。对于像素深度为 1 字节的图像而言,像素值为 0 时是黑色,像素值为 255 时是白色,所有其他的中间值就是程度不同的灰色。对一幅灰度图像的全部数据进行扫描,并且记录下每一个灰度级出现的次数,就得到了该图像的直方图数据。将这些数据以直线的方式按照像素灰度级从低到高地排列,画在直角坐标上,就得到了图像的直方图

四、数字图像压缩技术与文件格式

(一)数字图像的压缩技术

数字图像的数据量大是数字图像处理的特点之一。经过简单的计算,就可以知道一幅分辨率为 800×600、24 位真彩色图像的数据量就接近 1.4 MB。这只是中等分辨率的图像,如果图像的分辨率更高,那么数据量就会增大很多。例如,用扫描仪扫描一幅 8″×10″的真彩色图像,如果扫描分辨率设定为 300 dpi,则扫描获得的数据量为

$$300×8×300×10×3＝21\ 600\ 000 ≈ 20.6\ MB$$

这样大的数据量对于存储系统而言显然是一个沉重的负担。因此图像数据的压缩技术就成为多媒体技术的关键技术之一。

1. 图像数据的冗余度

只有图像数据具有足够的冗余度,才有压缩的可能和意义。就一般情况而言,大部分图像数据是有冗余度的。图像数据的冗余度主要表现在以下几个方面。

(1)空间冗余。当图像数据在图像的某些空间上具有一定的规律性时,我们就可以认为该图像数据具有空间冗余度。例如,当图像中具有大面积色彩较为均匀的背景时,就有较大的冗余空间。

(2)信息熵冗余。香农(Shannon)信息论用概率来描述事件的不确定性。香农假设信息由一系列随机变量所代表,用随机出现的符号来表示,输出这些的符号来源称为信源。设信源符号的符号集为 I,同时设出现的概率为 P。当随机事件发生的概率大时,这个事件发生的可能性就大,它的不确定性就小,同时,事件发生后,它所提供的信息量就小;反之,它的不确定性就大,所提供的信息量也大。

(3)人眼的视觉冗余。人眼的分辨率是有限的,而且人眼分辨彩色信息的能力远小于对单色信息的分辨能力。在一个比较小的领域内,可以用一个单一的颜色代替其他不同的颜色,这就是人眼的色彩冗余。另外,根据对人眼的研究可知,人眼对灰度的分辨能力是 64 级,那么对于一幅有 256 级灰度的黑白图像,每个像素就有 2 位的冗余。

由于图像数据存在上述冗余,对图像数据的压缩编码就是可能的,也是有实际意义的。

2. 图像数据的压缩方法

根据图像数据被压缩后是否有信息的损失,可以将图像数据的压缩分为无损压缩和有损压缩。

(1)图像数据的无损压缩。无损压缩也被称为可逆压缩、无失真压缩等。无损压缩的原理是去掉或减少那些可能是后来插入的数据冗余度。当然这些冗余值在解压缩时是可以被重新插入的,因此无损压缩是可逆的过程。例如,有些数据长时间不发生变化,连续很多的数据值是重复的,这时只需记录一个数据值和该数据的重复次数即可,这样就可以极大地减少数据量。在解压缩时,这些被压缩的数据值可以毫无损失地被完全恢复出来,所以称为无损压缩。常用的无损压缩编码方法有以下几种。

- 游程编码(Run Length Encoding,RLE):游程编码是最简单的压缩方法之一。它的工作原理是在给定的数据中寻找重复的数据,然后用两个字节值取代这些重复的数值。例如,数据中有一组这样的数值33333aaaaaaa999eeeeeeeeee,使用游程编码方法处理后,将表示为537a39ae(这里使用的是 16 进制数表示方法)。这种方法在处理包含大量重复信息的数据时,可以得到很好的压缩效果。但是对于那些很少重复的数据来说,游程编码方法几乎没有什么压缩效果。

- Huffman 编码:这种编码方法也是一种比较常用的压缩方法。它是在 1952 年由 Huffman 提出的。Huffman 编码的基本思想是为每一个图像数据赋予一个相应的二进制值表示码,并将这种图像数据与二进制值表示码的对应关系保存

在一个转换表中。二进制值表示码的长度根据对应数据在图像中出现的频率高低而改变。如果指定的图像数据出现频率较高时,对应的二进制值表示码的长度较短;反之,二进制值表示码的长度则较长。这些二进制值表示码的长度最小是1位,最大是8位。这样就降低了图像数据对存储空间的要求,从而达到压缩的效果。

- LZW编码:LZW编码最初用于文本文件的压缩,后来经过发展,也可以用于图像数据的压缩。LZW编码压缩数据的基本思想有两种类型。一种是首先建立一个数据短语字典,然后对要压缩的数据进行字典查询。如果字典中存在与当前数据对应的短语,就用字典中相应的索引值代替当前数据。另一种是寻找当前等待压缩的数据中是否在已经处理过的数据串中出现过,如果出现过,就利用指向那个已经处理过的数据串指针代替当前等待压缩的数据串。与游程编码相比,LZW编码的最大特点就是它不仅可以将重复的数据进行压缩,也可以压缩不重复的数据。所以LZW编码对于高度图案化的图像数据而言,压缩效率可达10:1。但是如果图像数据中带有较多随机变化的噪声数据,则很难利用LZW编码方法压缩数据。

- 算术编码:算术编码与Huffman编码的基本思想相似,都是利用比较短的代码取代图像数据中出现比较频繁的数据。但是算术编码同时又采用了LZW压缩算法的思想,不仅压缩数据值,也压缩序列值,从而可以达到更加突出的压缩比。但是这种压缩算法的数学比较复杂。

(2)图像数据的有损压缩。有损压缩也称不可逆压缩,在信息论中称为熵压缩。由于信息熵被压缩,所以减少的信息是不能再恢复的。在进行图像有损压缩时,要监测取样值,对取样值设置一个门限值,只有当取样值超过这个门限值时,才传输数据。如果一幅图像超过门限值的数据比较少,就可以得到很大的压缩空间。由于在压缩过程中,没有传输的数据是不可恢复的,因此解压缩的数据会有一定的损失,但是如果门限值选取得合适,图像解压缩时带来的损失不会引起人眼明显的察觉,那么这样的压缩就是成功的。可以说有损压缩方法的优劣基本上是以人眼的主观评价为标准的。对于自然景物的灰度图像压缩比可达几十倍,对于自然景物的彩色图像压缩比甚至可达上百倍。目前,最常用的图像有损压缩方法是JPEG压缩算法。

3. 压缩方法小结

无论哪种压缩算法,其压缩效率都与原始图像数据的分布特点密切相关。实际上,没有哪一种压缩算法对任何图像数据的压缩效率都是最好的,每种算法都有它适合压缩的数据类型,也有不适合它压缩的数据类型,任何方法都不是万能的。一般情况下,压缩比较高的算法,演算过程相对比较复杂,需要更长的时间进行转换编码的操作。由于对压缩存储空间的要求和对减少读写时间的要求之间是相互冲突的,所以任何算法都不可能兼顾这两种要求,这也是多种压缩算法可以同时存在的原因。

(二)数字图像的文件格式

存储在外部存储器的任何计算机数据都是以文件的形式存在的。图像文件就是描述一幅图像数据的计算机文件。计算机数据的组织结构和存储方式称为文件的格式。目前,在不同的计算机技术应用领域,为了使每个开发商和用户可以共享数据文件,都指定了各自的文件标准格式。早期的图像文件存储方式由各个开发商或数据采集者自行定义,因此给软件的推广带来了不少麻烦。随着数字图像技术的不断发展,各个数字图像应用领域逐渐制定了适合自己应用特点的图像格式标准,如美国微软公司使用其Windows 系列操作系统的位图文件 BMP 格式和 TIFF 格式、公用领域的 GIF 格式、PC机上常用的 PCX 格式、动画领域喜欢的 TGA 格式等。这些统一的标准为图像软件开发人员和广大用户提供了很大的方便,从而也推动了数字图像技术的发展。但是,由于历史的原因及应用领域的不同,数字图像文件的格式还是很多。目前,微型计算机经常使用的数字图像文件的格式不少于十几种。大多数图像软件都可以支持多种格式的图像文件,以适应不同的应用环境。对图像文件格式有一个基本的了解,对于理解、开发和使用多媒体技术有很大的帮助。

1. BMP 图像文件格式

BMP(Bitmap)图像文件格式是美国微软公司为其 Windows 系列操作系统环境设置的标准图像格式。在 Windows 系统中包含了一系列支持 BMP 图像处理的应用编程接口(Application Programming Interface,API)函数。由于 Windows 操作系统在 PC 机上占有绝对的优势,因此在 PC 机上运行的绝大多数图像软件都支持 BMP 格式的图像文件。BMP 格式的文件具有以下特点。

- 每个文件存放一幅图像。
- 可以存储 4 位 16 色、8 位 256 色、16 位 65 536 色和 24/32 位 16.7M 色数据。
- 压缩数据的存储。微软公司为 BMP 格式的图像文件设计了两种游程编码压缩算法:用于 256 色存储模式的 Rle8 压缩方式;用于 16 色存储模式的 Rle4 压缩方式。
- 以图像的左下角为起始点存储数据(其他大部分图像格式文件是以左上角为起始点的)。
- 存储真彩色图像数据时,以蓝、绿、红的顺序排列(其他大部分图像格式文件是以红、绿、蓝顺序排列的)。

BMP 格式的文件由 4 部分组成,即位图文件头字、位图信息头字、调色板和位图字节数据阵列。它们的名称和符号见表 3-2。

表 3-2　BMP 图像文件组成部分

组成部分	结构名称	符号
位图文件头字	BITMAPFILEHEADER	Bmfh
位图信息头字	BITMAPINFORHEADER	Bmih
调色板	RGBQUAD	aColors
位图字节数据阵列	BYTE	aBitmapBits

当 BMP 存储的是 8 位 256 色图像数据时,BMP 格式的文件必须有一个调色板。这时的位图字节数据阵列中的每个字节并不代表一个真实的颜色或灰度,它只是一个调色板的索引值,它以自己的数值作为调色板的地址指向调色板的某个存储空间。而真正显示在显示器上的颜色是调色板该地址空间内存储的数据值。调色板一共有 256 个独立空间,每个空间由 4 个字节组成,其中前 3 个字节分别代表蓝、绿、红.3 个颜色,第 4 个字节是保留字节,目前没有使用。这就是经常说 8 位 256 色的显示方式是同屏 256 色的原因。由于调色板的内容随时可以变换,因此即使是同一幅图像,当它指向不同的调色板内容时,它的色彩也会发生变化。

当 BMP 存储的不是 8 位 256 色图像数据时,BMP 格式的文件就没有调色板。

在调色板(如果有的话)后面紧跟着图像数据的字节阵列。图像数据按行、列的顺序排列,即一个扫描的数据连续排列,然后排列第 2 行的数据,这样一行一行地排列下去,直到最后一行数据为止。每一行的字节数取决于图像每一行的宽度和每个像素的字节数,如对于每行像素数量为 640 的 4 位 16 色图像,每行数据的宽度是 640÷2＝320B;对于每行像素数量为 640 的 24 位真彩色图像,每行数据的宽度是 640×3＝1 920B。扫描行从显示图像的底部开始,即数据阵列的第一个像素是显示图像的左下角,而数据阵列的最后一个像素是显示图像的右上角。

BMP 格式的文件支持 32 位像素的真彩色数据格式。32 位像素能够表示的颜色数与 24 位真彩色相同,也是 16.7M 色。除了 R、G、B 3 个颜色的那个字节通常称为 α 通道。

2. GIF 图像文件格式

GIF(Graphic Interchange Format)是 Compu Serve 公司 1987 年开发的图像文件格式。GIF 格式的文件最初是为方便网络传输及 BBS 用户而设计的。目前,大多数图像软件都支持 GIF 格式的文件。GIF 格式的文件具有以下特点。

- GIF 是网络和 BBS 上使用最为频繁的图像文件格式(现在有被 JPG 格式文件代替的趋势)。
- GIF 图像文件格式所描述的图像质量很高,因此经常用于存储由扫描仪等高精度设备产生的灰度图像。
- GIF 图像文件是多元结构的文件,即一个 GIF 文件可以同时存储多幅图像。
- GIF 图像文件采用经过改进的 LZW 压缩算法处理图像数据。

- GIF 图像文件只能存储 256 色图像,不支持 24 位真彩色图像。
- GIF 图像文件使用标识符来查找数据区。每个数据区的第一个字节就是这个数据区的标识符。
- GIF 图像文件存储数据有两种排列顺序:顺序排列和交叉排列。

GIF 图像文件由 5 个主要部分组成,这 5 个组成部分都是由一个或多个数据块组成的。每个数据块的第一个字节是该数据块的标识符(也称特征码)。标识符代表该数据块属于哪个类型的数据区。这 5 个部分在文件中是按照固定的顺序排列的。

- 文件头块:带有一个识别 GIF 格式数据流标识符的数据块。
- 逻辑屏幕描述块:定义与后面图像数据有关的图像平面的大小值、纵横尺寸比、颜色深度等信息。此外,还标明了随后的调色板的类型。
- 调色板数据块(可选):GIF 图像文件的调色板有全局调色板和局部调色板之分。
- 图像数据块:可以作为图形/图像数据块或者特殊目的的数据块出现。如果数据块是图像数据块,则紧接着的是 3 个按顺序排列的数据块——图像描述块、可选的局部调色板信息、经过改进的 LZW 压缩算法处理过的位图数据块。如果 GIF 图像文件中存储有多幅图像,则会依次重复出现这 3 个数据块。
- 尾块:表示整个数据流结束。尾块的值是个常数 3BH。

3. TIFF 图像文件格式

TIFF(Tag Image File Format)图像文件格式是目前最常用的位映射图像格式之一。TIFF 格式文件是 1986 年由 Aldus 公司推出的。TIFF 格式支持从单色图像到 24 位真彩色的任何图像,而且很容易在不同的硬件之间进行修改和转换,所以 TIFF 格式的文件也被大多数图像软件所支持。

TIFF 格式的文件存储方式多种多样,几乎没有一种软件可以打开全部存储方式的 TIFF 文件。所以如果用户要将图像存储为 TIFF 格式的文件时,一定要写入该 TIFF 文件的相关信息,如文件的创建者是谁,该 TIFF 文件支持什么软件等。TIFF 图像文件格式版本的所有权属于 Aldus 公司和微软公司,但是 TIFF 图像文件格式可以在公共范围内使用,每个使用者都可以自由免费使用 TIFF 图像文件格式。TIFF 图像文件格式有以下一些特点。

- 文件的可改性
- 文件的多格式性
- 文件的可扩展性

TIFF 格式的文件一般由 3 个部分组成:文件头、标识信息区、图像数据区。

- 文件头:TIFF 文件头有时也称为 IFH。TIFF 文件的文件头是一个由 8 个字节组成的结构。文件头中包含了 TIFF 文件其他部分所需的重要信息。文件头是 TIFF 文件中唯一必须固定位置的数据结构。
- 标识信息区:标识信息区也称为 IFD。IFD 中包含了很多组标识信息。每一组

标识信息都是由长度为 12 个字节的标记指针组成的。在这 12 个字节中，2 个字节是指示标识信息的代号；2 个字节是文件的数据类型；4 个字节是数据值和标志参数；最后 4 个字节是文件数据量。

- 图像数据区：图像数据区是真正存放数据的区域。在图像数据区中首先指明一个 TIFF 文件是用什么压缩方法存放的；其次说明图像数据是如何排列及分割的。为节省存储空间，TIFF 文件总是将图像数据分割成几个部分，然后分别对各个部分进行压缩，最后将压缩处理的数据进行存储。TIFF 文件对图像数据的分割有两种情况——带状分割和块状分割。

4. JPEG 图像文件格式

JPEG(Joint Photographic Experts Group)图像文件格式是一种比较复杂的文件格式。无论是图像文件格式的内容，还是图像文件格式的编码方式，它都比 GIF、BMP 要复杂得多。JPEG 格式的文件采用的编码方式是有损压缩方式。JPEG 格式适用于大部分图像类型。对于摄影照片而言，JPEG 格式的解压缩还原的效果比其他文件格式都要好。JPEG 格式所采用的标准是数据流编码标准，因此它的解码速度比较快。JPEG 的编码过程可以分为 4 步：颜色转换、离散余弦变换(Discrete Cosine Transform，DCT)、量化处理、编码。

JPEG 文件有两种格式：一种是 JPEG-in-TIFF 格式，这种格式实际上是 TIFF 的一种子格式。它可以将一幅 JPEG 图像格式文件压缩存储到一个 TIFF 文件中，但是由于某些历史的原因，在存储和使用时会受到很多外部条件的限制和影响，所以这种格式存在不少缺陷，目前这种格式使用得不多。另外一种称为 JPEG 文件交换格式(Jpeg File Interchange Format，JFIF)格式，这种格式现在使用得比较广泛，尤其是在网络和 BBS 系统上传输图像文件时经常使用这种格式的 JPEG 图像文件。在 JFIF 中包含一个 JPEG 数据流，这个数据流的作用是通过该数据流中的一些重要元素的驻留作用，使文件中的数据在解码时不会使用外部数据。

JFIF 文件格式直接使用了 JPEG 标准，为应用程序定义了许多标记，因此 JFIF 格式成了事实上 JPEG 文件交换格式的标准。JPEG 文件由下面 8 个部分组成，每个部分都有自己的标记。

- 图像开始标记：标记是 SOI(Start Of Image)。
- APP0 标记：后面是 JFIF 应用数据块。
- APPn 标记：后面是其他的应用数据块，其中 n 为 1～15。
- 一个或多个量化表：标记是 DQT(Define Quantization Table)。
- 帧图像开始：标记是 SOF0(Start Of Frame)。
- 一个或多个 Huffman 表：标记是 DHT(Define Huffman Table)。
- 扫描开始：标记是 SOS(Start Of Scan)。
- 图像结束：标记是 EOI(End Of Image)。

任务总结

　　本任务的完成使我们对计算机图形图像处理技术有了较全面的了解。计算机图形技术与计算机图像处理技术刚好相反,因为计算机图像处理技术是真实景物或已存在图像的分析技术,它所研究的是图形技术的逆过程;而计算机图形技术主要是研究图像的生成技术。

任务拓展

　　多媒体应用中所需的数字图像可以通过多种途径获得:
　　(1)购置存储在 CD-ROM 光盘上的数字化图像库。
　　(2)利用图像编辑软件自行创建。
　　(3)利用彩色扫描仪将照片或艺术作品扫描后得到数字图像。
　　(4)利用电视摄像机捕获实时图像等。

任务二　使用 ACDSee 进行图像处理

任务导入

　　ACDSee 是使用最为广泛的看图工具软件,大多数计算机爱好者都使用它来浏览图片,它的特点是支持性强,并且能够高品质地快速显示,还能处理如 MPEG 之类的常用视频文件。在图像编辑方面,能够轻松地处理数码影像,拥有 40 多种特效。在新版本中,ACDSee 的图像编辑功能更加强大。

任务分析

　　本次任务是熟悉 ACDSee 图像处理软件的一些简单应用。首先通过外部设备或软件获取多媒体素材,然后使用 ACDSee 图像处理软件对已经获取的图像进行修正,还可以为图像添加某些特殊效果。

任务实施

一、多媒体素材的获取

(一)从图像文件中获取文本信息

遇到大量的手稿需录入时,可以通过扫描仪和 OCR 软件获取文本信息,然后使用文字处理软件进行编辑加工。使用扫描仪可以将各种印刷品的文字转化为图像信息,以图像文件的形式存储于磁盘中。光学字符识别(Optical Character Recognition,OCR)技术是将获取的图像信息利用文字识别技术转化为可编辑文本的技术。

下面以汉王文本王文字识别系统为例,介绍从图像文件中获取文本信息的方法。

(1)安装并启动汉王文本王文字识别系统后,选择"文件"→"打开图像"命令,在打开的对话框中选择图像文件,单击"打开"按钮,将图像文件加入图像列表,如图 3-1 所示。

(2)扫描后识别前,首先要把调入的文件放正再识别。如果放置倾斜,识别率会极大地降低。在"编辑"菜单中有"手动倾斜校正"和"自动倾斜校正"两种方式,最好选用自动方式。

(3)版面分析。选择"识别"→"版面分析"命令,分析文本图像的版式,划出区域,如图 3-2 所示。

图 3-1　打开图像文件

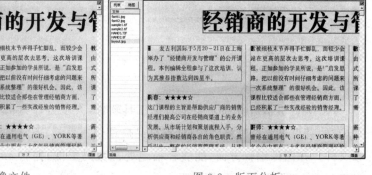

图 3-2　版面分析

(4)在图像文件中拖动选中要识别的文字区域,然后在工具栏中单击横排正文、竖排正文或表格按钮。例如,这里选择如图 3-3 所示的文本区域。

如果要删除所选的区域,可单击该选框,按 Delete 键。

(5)识别、修订文字。选择"识别"→"开始识别"命令,对当前图像文件中的所选区域进行识别,生成文本文件。识别完成后,右侧窗格的上半部分会显示修订识别文本,如

图 3-4所示。

图 3-3 选择文本区域 　　　　　　　　　图 3-4 识别并修订文本

在 OCR 系统的编辑环境中,屏幕上既有识别结果文本,又有与之相应的原始扫描图像对应于识别结果文本中当前光标所在位置的文字,图像中相应的文字用蓝色方框包围,提示栏中出现相似字供选择。用户不必查阅原稿,就可以进行全部的编辑校对和修改工作。

(6)保存文件。识别完成后,对所获得的文本,系统自动以原文件名保存为 TXT 格式文本文件和 PST 格式文件。修订校对后,选择“文件”→“保存图像”或“换名保存图像”命令可保存文本。这样就将图片中的文字转换为文本文件,可供 Word 等文字处理软件使用。

(二)获取图像

如果需要截取屏幕图像或者抓取窗口、标题栏等,除了可以使用 Print Screen 键,还可以使用常用的屏幕抓图软件,如红蜻蜓抓图精灵、SnagIt、HyperSnap-DX 等。下面以 HyperSnap-DX 为例来介绍抓取的方法。

1. 抓图软件 HyperSnap-DX 的简介

HyperSnap-DX 不仅能抓取标准桌面程序所拥有的图片,还能抓取 DirectX、3Dfx Glide 游戏和视频或 DVD 屏幕图。另外,该软件还能以多种图形格式(包括 BMP、GIF、JPEG、TIFF、PCX 等)保存并浏览图片。

将程序安装到计算机中以后,选择“开始”→“程序”→“HyperSnap-DX”命令,即可启动抓图软件,其操作界面如图 3-5 所示。

要正确抓取图片,最好将程序主界面最小化并隐藏到任务栏的系统区。通过设置能够很容易实现,使得 HyperSnap-DX 不会随意关闭,随时处于工作状态且不影响其他工作。选择“选项”→“启动和系统栏图标”命令,打开“启动和系统栏图标”设置对话框,可以选中全部选项,这样就可以在启动计算机时自动启动 HyperSnap-DX,而且以最小化的方式将其图标显示在系统托盘区;在单击窗口上的“关闭”按钮时也不会关闭程序,而只是将其隐藏在任务栏的系统图标区,且单击图标可以打开操作主界面。这样的运行方式对于抓图来说是非常方便的。

菜单栏
工具栏
编辑栏
图像工作
浏览窗口
状态栏

图 3-5　HyperSnap-DX 操作主界面

2. 抓图及相关设置

为了方便图片的抓取,需要了解一些热键的设置。选择"选项"→"配置热键"命令,打开如图 3-6 所示的"抓图快捷键"对话框。左边列出了捕捉范围,右边是对应的快捷键操作,比如在该软件启动的情况下,根据默认设置按 Ctrl＋Shift＋F 组合键,则会将计算机的整个屏幕内容抓取下来,并显示在图像浏览窗口。如果觉得系统默认设置不方便,则可以单击右边的按钮,设置自己喜欢的快捷操作方式。

若想在按 Ctrl＋A 组合键时把当前活动的窗口抓取下来,则可以单击图中捕捉活动窗口右边的按钮,在打开的"选择热键"编辑框中按 Ctrl＋A 组合键,则编辑框中显示对应设置,单击"确定"按钮,则热键变成 Ctrl＋A,单击"关闭"按钮回到主界面后,按 Ctrl＋A 组合键则可抓取活动窗口图片。

一般在按热键后,会出现闪烁抓取框,或者鼠标指针变成"＋"号,拖动并松开鼠标后,拖动过程中框住的区域将被抓取,并显示在主窗口的图片浏览区。在默认状态下,设置的热键一般抓取的图片是以矩形方式抓取且包括鼠标指针的,那么如果只是需要抓取光标,或者不要带鼠标指针,或者需要抓取其他特殊形状的物体,则可以通过 HyperSnap-DX 的"捕捉"→"捕捉设置"命令打开"捕捉设置"对话框(图 3-7)进行调整。

图 3-6　"抓图快捷键"对话框

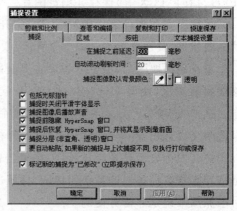

图 3-7　"捕捉设置"对话框

在"捕捉设置"对话框中可以设置捕捉是否包括光标指针、选择捕捉的区域形状、捕捉按钮的方式、是否对捕捉的区域裁剪、是否为每次捕捉开设新窗口显示、是否在捕捉时也将捕捉结果复制到剪贴板中、是否设置自动捕捉和自动保存等。

3. 捕捉图片的编辑与保存

对于已经抓取的图片或者通过"文件"→"打开"命令打开的需要处理的图片，通过 HyperSnap-DX 提供的工具箱和"图像""颜色"菜单可以取得一定的编辑处理效果。对于一般的标注添加，通过工具箱都可以完成，如添加文字、图形等。

一般抓取的图片在 HyperSnap-DX 主界面下方都对应一个窗口标题，单击抓取图片切换按钮，可以查看每次抓取的结果，同时可以对当前显示的图片内容执行复制、粘贴和各种编辑操作。在默认状态下，抓取的图片没有保存到计算机中。选择"文件"→"另存为"命令，在弹出的对话框中的"保存类型"下拉列表框中选择需要保存图片的文件格式，然后输入文件名，单击"保存"按钮，图片即以指定的格式进行保存。

二、ACDSee 界面和功能介绍

当前的各大软件下载网站都提供了关于 ACDSee 的下载软件，用户还可以通过有关的搜索网站搜索相关的主题。下载完毕即可进行安装，安装过程类似于其他一些常用软件的安装。安装完毕后，会在计算机桌面和"开始"菜单的"程序"中显示用于打开 ACDSee 的快捷图标。

ACDSee 的用户界面提供了便捷的途径来访问各种工具与功能，利用它们可以浏览、查看、编辑及管理相片与媒体文件。用户界面如图 3-8 所示，ACDSee 的界面主要由浏览器、查看器、编辑模式组成。

图 3-8　ACDSee 的用户界面

(一)浏览器

ACDSee 浏览器是用户界面的主要浏览与管理组件，使用桌面上的快捷方式图标启动 ACDSee 时就会看到它。在浏览器中，可以查找、移动及预览文件，可以给文件排序，也可以访问整理与共享工具，还可以综合使用不同的工具与窗格来执行复杂的搜索和过滤操作,并预览图像与媒体文件的缩略图。

ACDSee 浏览器窗格可以进行自定义,可以移动、调整大小、隐藏、驻靠或关闭,也可以将窗格层叠起来,以便于参考和访问,同时最大化屏幕空间。

(二)查看器

查看器可以播放媒体文件,并使用完整的分辨率一次显示一张图像。还可以在查看器中打开窗格来查看图像属性,按照不同的缩放比例显示图像的区域,或者查看详细的颜色信息。

通过在 Windows 资源管理器中双击关联的文件类型,可以直接打开查看器,并且可以使用查看器快速翻阅某个文件夹中的全部图像。

(三)编辑模式

在 ACDSee 的编辑模式中打开图像,即可使用编辑工具与效果来调整或增强图像。编辑模式在编辑面板上显示许多可用的工具,并提供一个可以自定义的菜单,在不用时可以关闭或隐藏。单击某个工具的名称可以在编辑面板中打开该工具,在面板中可以通过调整设置来编辑或增强图像。

编辑模式还包含一个状态栏,显示正在编辑的图像的有关信息。

三、ACDSee 的应用

(一)编辑图片

例如:打开"D:\My Documents\Pictures"文件夹中的"风景.jpg"图像,将 1 024×768 像素大小的图像更改为 800×600 像素,并通过旋转、裁剪的方式裁剪保留想要的图像,最后为图像设置水滴效果,将图像保存为"风景 1.jpg"。

(1)进入"ACDSee 10 相片管理器",双击要编辑的图像"风景.jpg",打开 ACDSee 窗口。

(2)单击主工具栏中的"编辑图像"按钮,右侧显示"编辑面板:主菜单"任务窗格,点击其中的"调整大小"超链接。

(3)点击"编辑面板:主菜单"任务窗格中的"旋转"超链接,打开"编辑面板:旋转"窗口,选中"调正"单选按钮,并在其下的文本框中输入 75,如图 3-9 所示,按"Enter"键,设置完毕单击"完成"按钮。

图 3-9　"编辑面板:旋转"窗口

（4）点击"编辑面板：主菜单"任务窗格中的"裁剪"超链接，打开"编辑面板：裁剪"窗口，如图 3-10 所示。调整裁剪框线确定保留部分，设置完毕单击"完成"按钮即可。

图 3-10　"编辑面板：裁剪"窗口

（5）点击"编辑面板：主菜单"任务空格中的"效果"超链接，打开"编辑面板：效果"窗口，在"选择类别"下拉列表框中选择"自然"选项，双击"双击效果以运行它"列表框中的"水滴"选项，如图 3-11 所示。

图 3-11　"编辑面板：效果"窗口

（6）设置"密度"为 410，"半径"为 100，"高度"为 25，在"随机种子"文本框中输入数值 3，单击"完成"按钮，得到如图 3-12 所示的效果。

图 3-12　加入水滴特效后的效果

（7）单击"完成"按钮，退出"编辑面板：效果"窗口，回到"编辑面板：主菜单"窗口，点击任务空格下的"已完成编辑"超链接退出编辑窗口。

（8）单击主工具栏中的"保存"按钮，打开"图像另存为"对话框，在"文件名"文本框中输入"风景1"，如图 3-13 所示，保存类型仍为 JPG 格式，单击"保存"按钮。

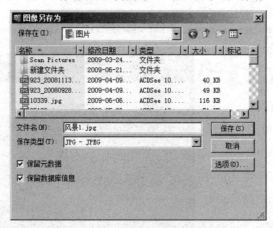

图 3-13　"图像另存为"对话框

（二）转换图像文件格式

在使用图片的过程中，经常会根据工作要求对图像文件的格式进行转换。ACDSee 提供了将某一种图像格式转换成 ACDSee 支持的 14 种常用图像格式的功能，以满足用户需要。

将 WMF 格式的图片转换为 GIF 格式的步骤如下。

（1）在 ACDSee 浏览器窗口中，找到并选中需要转换格式的 WMF 文件。

（2）选择"工具"→"转换文件格式"命令，打开"批量转换文件格式"对话框，如图3-14所示。在"格式"选项卡中，列出了所有可转换的图像格式名称及简介。本例中选择

"GIF"选项。

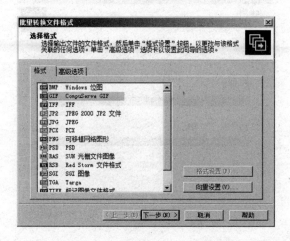

图 3-14　"批量转换文件格式"对话框

（3）单击"下一步"按钮，打开如图 3-15 所示的对话框。通过该对话框可以设置目标文件的保存位置等选项。

（4）设置完成后，再次单击"下一步"按钮，打开如图 3-16 所示的对话框，设置多页选项。这里可以采用默认设置。

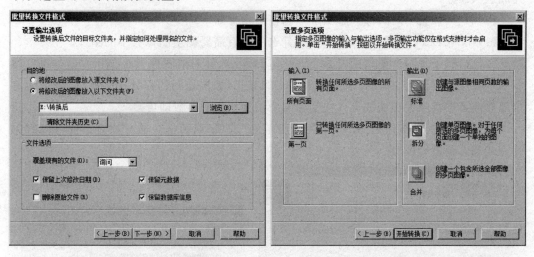

图 3-15　设置目标文件的保存位置　　　　　　图 3-16　设置多页选项

（5）单击"开始转换"按钮，ACDSee 开始进行转换操作，如图 3-17 所示。转换操作完成后，单击"完成"按钮即可返回到 ACDSee 浏览器窗口。这时，所需要的转换好的文件就已经保存到设定的文件夹中了。

图 3-17　转换进度

(三)批量调整图像大小

当计算机中的图片越来越多时,计算机用户就会面对各种大小不一的图形文件。如果在进行某项工作时,需要调用一批同样大小的图片,那么使用 ACDSee 就可以轻松地完成这项任务。

将某个文件夹下的图像大小做统一调整的步骤如下。

(1)在 ACDSee 浏览器窗口中,找到并选中所有需要调整图像大小的图片。

(2)选择"工具"→"调整图像大小"命令,打开"批量调整图像大小"对话框,如图3-18所示。在这里,可以选择图像放大或者缩小的方式,如按原图的百分比缩放、以像素为单位缩放或者按实际大小缩放等。按实际需要设置相应的参数即可。

(3)单击"选项"按钮,打开如图 3-19 所示的"选项"对话框。通过该对话框可以对保存方式等选项进行设置。

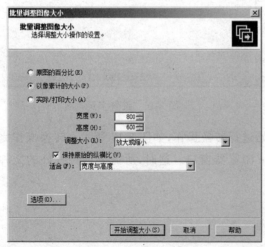

图 3-18　"批量调整图像大小"对话框

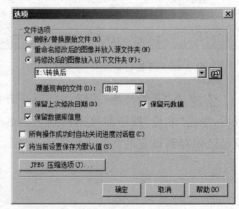

图 3-19　"选项"对话框

（4）对所做的选择感到满意后，单击"开始调整大小"按钮，ACDSee 开始进行调整操作。调整工作完成后，单击"完成"按钮即可返回到 ACDSee 浏览器窗口。这时，所需要的调整好的文件就已经保存到设定的文件夹中了。

（四）制作电子相册

通过使用 ACDSee，可以将自己喜欢的相片创建成幻灯片进行放映或者制作成计算机屏幕保护程序。利用这一功能，可以方便、快捷地制作个性化的电子相册。

将相片制作成电子相册的步骤如下。

（1）首先在计算机中新建一个文件夹，然后将数码相片复制到其中。

（2）在 ACDSee 浏览器窗口中选中所有相片，用前面介绍的方法统一调整所有图像的大小，以防止大小不同的相片影响观看效果。这里可以设置像素大小为 800×600，并将设定调整后的图像保存到另一个空文件夹中。

（3）再次在 ACDSee 浏览器窗口中选中所有调整好的图片，选择"创建"→"创建幻灯放映文件"命令，弹出"创建幻灯放映向导"对话框，如图 3-20 所示。可以看到 ACDSee 能创建 3 种格式的幻灯片，一种是可以在任何计算机上直接运行的.exe 格式，一种是 Windows 的屏幕保护程序.scr 格式，还有一种则是 Flash 动画.swf 格式，用户可以根据实际需要来进行选择。本例选择创建屏幕保护程序。

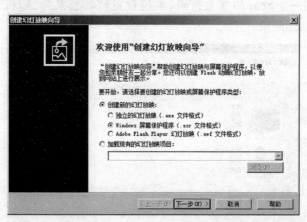

图 3-20　"创建幻灯放映向导"对话框

（4）单击"下一步"按钮，打开如图 3-21 所示的对话框。在该对话框中可以查看所选择的图片，单击"添加"按钮还可以继续添加更多的图片。

图 3-21　选择图像

(5)确认所有需要的图片都已经被选择,然后单击"下一步"按钮,打开如图 3-22 所示的对话框,为幻灯放映中的图像设置转场效果、显示的标题及播放音频剪辑等特有选项。点击图片旁边的"转场""标题""音频"链接即会弹出相应的对话框,进行相应的设置。为了让电子相册达到一个较好的视觉效果,本例设置转场效果为"随机",并选中"全部应用"复选框,如图 3-23 所示。

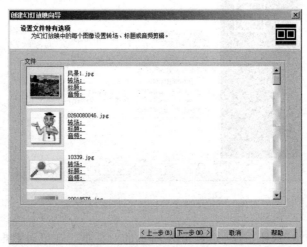

图 3-22　设置文件特有选项

(6)设置完成后,单击"下一步"按钮,打开"设置幻灯放映选项"对话框。在"常规"选项卡中设置幻灯放映时图像的持续时间与背景音频等,如图 3-24 所示。

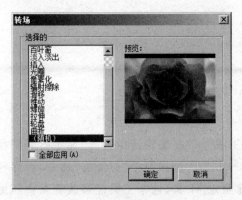

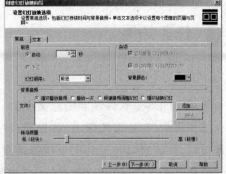

图 3-23　设置转场效果　　　　　　　图 3-24　"常规"选项卡

(7)在"文本"选项卡中设置幻灯放映时图像的页眉与页脚等,如图 3-25 所示,单击"下一步"按钮,设置好该电子相册的存放位置后,ACDSee 会对所选相片进行处理,并保存到指定位置。幻灯放映创建成功后,会弹出如图 3-26 所示的对话框。选中"安装为默认的屏幕保护程序",并单击"安装屏幕保护程序"复选框,即可将刚创建的电子相册设置为 Windows 的默认屏幕保护程序。

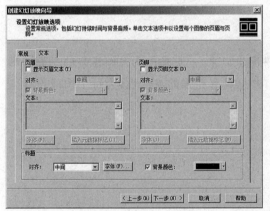
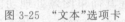

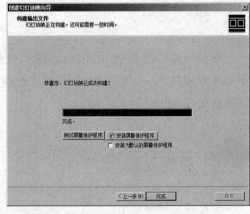

图 3-25　"文本"选项卡　　　　　　　图 3-26　加载屏幕保护程序

当计算机在设定的时间内没有响应,则系统会自动运行该屏幕保护程序,让用户在工作、学习之余欣赏到自己制作的精彩电子相册。

任务总结

　　本任务的完成使我们掌握了从图像文件中获取文本信息及图像的本领,并且学会了运用 ACDSee 软件浏览、播放、编辑多媒体文件。ACDSee 软件的功能非常多,同学们还可以收集资料做进一步学习。

任务拓展

运用 ACDSee 软件消除图像杂点。

操作提示：在处理图像时，首先通过"工具"—"在编辑器中打开"命令打开图像处理窗口，在该窗口的工具栏中选择需要的工具。选择菜单"过滤器"命令，程序将打开优化过滤窗口，该窗口中有一个"去除杂点"工具，这个工具能够改善某些压缩格式的图像质量，从而获得比较满意的效果。

任务三 图像处理软件 Photoshop

任务导入

自从 Adobe 公司的 Photoshop(PS)软件问世以来，一直是最受人们喜爱的平面图形图像处理软件之一。它功能强大、操作快捷，并且具有超强的灵活性，为每个图像设计人员带来无限创作空间。

任务分析

本次任务是熟悉 Photoshop CS3 的工作界面及掌握其简单图像处理功能。首先认识 Photoshop CS3 的工作界面，包括菜单栏、工具栏、工具箱、图像窗口、状态栏和控制面板等；然后认识 Photoshop CS3 文件操作，即图像文件的创建、打开、保存和关闭；最后完成图像的选取和简单的图像编辑。

任务实施

一、Photoshop CS3 的界面

(一)菜单栏、图像窗口、状态栏

启动 Photoshop CS3 软件后，打开任意一幅图像，就会出现如图 3-27 所示的界面。

1. 菜单栏

菜单栏在工作界面的最上方,共包括 10 个主菜单,每个主菜单下又包含多个子菜单,使用菜单命令可执行大部分 Photoshop CS3 的命令。单击各主菜单就会显示相应的子菜单,然后再在弹出的子菜单中选择相应的命令。还可以通过按住 Alt 键,再按菜单栏命令名称右边带下划线字母的快捷键方式打开菜单和执行命令。例如,按住 Alt 键,再按 F 键,就可打开"文件"菜单,再按 N 键,就可以执行"新建"命令,打开"新建"对话框。

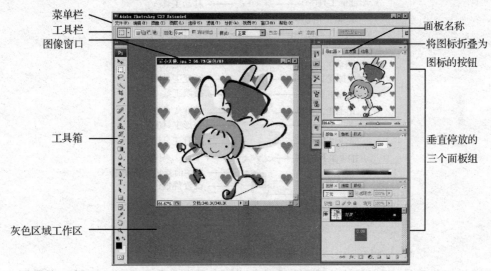

图 3-27 Photoshop CS3 工作界面

2. 图像窗口和状态栏

图像窗口即图像文件的显示区域,如图 3-28 所示。在窗口顶部有文件名称、页面比例的显示,窗口底部的横条即为状态栏,为用户提供当前图像的一些状态信息。图像的各种编辑和操作都在此窗口中进行。

图 3-28 图像窗口

(二)工具箱、工具栏、控制面板

1. 工具箱

在 Photoshop CS3 中,在默认状态下,工具箱位于工作界面的左侧且为单列状态。可以通过双击图 3-29 所示的工具箱左上方按钮,将其展开为双列,若再双击可将其收缩为单列。

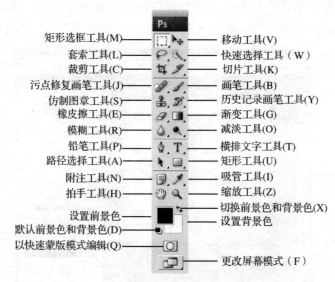

矩形选框工具(M)——移动工具(V)
套索工具(L)——快速选择工具(W)
裁剪工具(C)——切片工具(K)
污点修复画笔工具(J)——画笔工具(B)
仿制图章工具(S)——历史记录画笔工具(Y)
橡皮擦工具(E)——渐变工具(G)
模糊工具(R)——减淡工具(O)
铅笔工具(P)——横排文字工具(T)
路径选择工具(A)——矩形工具(U)
附注工具(N)——吸管工具(I)
拍手工具(H)——缩放工具(Z)
设置前景色——切换前景色和背景色(X)
默认前景色和背景色(D)——设置背景色
以快速蒙版模式编辑(Q)
——更改屏幕模式(F)

图 3-29 工具箱

通过这些工具,可以输入文字,选择对象,绘制、取样、编辑、移动、注释和查看图像,还可以更改前景色和背景色,创建蒙版及改变屏幕显示模式等。如果要显示或隐藏工具箱,可通过选择"窗口"→"工具"命令进行选择。

可在工具箱中单击图标选择所需的工具。当把鼠标悬停在任何一个工具按钮上时,都会出现关于该工具的提示信息。如果该工具按钮的右下角有小三角形,可在工具按钮上右击查看其隐藏的工具,如图 3-30 所示,然后选择需要的工具。

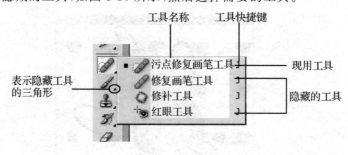

工具名称   工具快捷键
污点修复画笔工具——现用工具
表示隐藏工具
的三角形——修复画笔工具
修补工具——隐藏的工具
红眼工具

图 3-30 工具箱的使用

2. 工具栏

工具栏位于工作界面顶部、菜单栏的下方。在工具箱中选择某一工具后,工具栏中就会显示出该工具的各个属性选项,如选择"画笔工具"后,其工具栏如图 3-31 所示。工具栏会随着选择不同的工具而变化,工具栏中的某些设置选项(如绘画模式和不透明度)

是几种工具共有的,而有些设置选项则是某一种工具所特有的。

图 3-31 "画笔工具"工具栏

将鼠标指针悬停在工具栏的某一设置选项上时,会出现相应的提示,如果要显示或隐藏选项栏,可选择"窗口"→"选项"命令进行选择。

在 Photoshop CS3 的基本操作中,常会对各种对话框或选项栏的参数进行设置。下面以通过选择"编辑"→"调整"→"色相/饱和度"命令而打开的"色相/饱和度"对话框中的选项设置为例,说明它们在参数设置方面的共同特点。

如图 3-32 所示,凡对话框或工具栏中的文本框右侧有按钮▼者,只要单击该按钮就会弹出相应的下拉列表。对于需输入数值的选项,方法有 3 种:①在文本框中直接输入数值后按回车键确认;②在框内单击,用键盘上的↑、↓方向键微调数值;③若有参数滑杆,还可左右拖动滑杆上的滑块来确定数值。

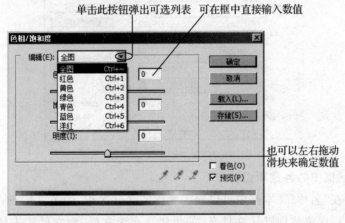

图 3-32 对话框或选项栏参数设置的常用方法

3. 控制面板

Photoshop CS3 工作界面右侧有很多浮动的面板,这些小窗口式的面板用于控制和配合对图像的各项操作。如图 3-33 所示,向外拖动面板左上角的▉按钮可将面板拉宽显示名称,若再向回拖动可将面板缩回;若单击面板右上角的▉按钮可打开面板,再单击可将面板收回。

此外,还可以通过按 Tab 键来隐藏(或显示)所有正在使用中的面板。若单击面板图标或名称,可打开面板组进行编组、堆叠或停放。若在操作过程中,各面板的位置被调整得有些凌乱,可通过选择"窗口"→"工作区"→"复位面板位置"命令将所有面板(包括工具箱)归位。

二、Photoshop CS3 文件操作

(一)图像文件的创建

要建立一个新的图像文件,请选择"文件"→"新建"命令,或按 Ctrl+N 组合键,弹出

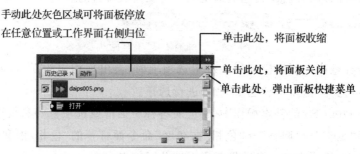

图 3-33　面板的扩展与收缩

如图 3-34 所示的对话框,在此对话框中可以设置新建文件的名称、大小、分辨率、颜色模式、背景内容和颜色配置文件等。

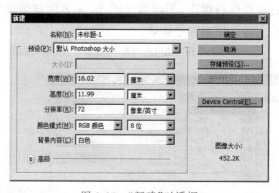

图 3-34　"新建"对话框

"新建"对话框中的各选项说明如下。

(1)名称。在"名称"文本框中可以输入新建的文件名称,中英文均可;如果不输入自定义的名称,则程序将使用默认文件名,如果建立多个文件,则文件按未标题-1、未标题-2、未标题-3……依次给文件命名。

(2)预设。可以在如图 3-35 所示的"预设"下拉列表框中选择所需的画布大小(如"美国标准纸张""国际标准纸张""照片"等)。

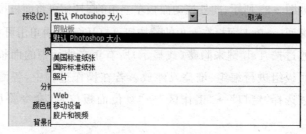

图 3-35　"预设"下拉列表框

(3)宽度和高度。可以自定义图像大小(也就是画布大小),即在"宽度"和"高度"文本框中输入图像的宽度和高度(还可以根据需要在其后的下拉列表框中选择所需的单位,如英寸、厘米、派卡和点等)。

（4）分辨率。在此可设置文件的分辨率，分辨率的单位通常使用"像素/英寸"和"像素/厘米"。

（5）颜色模式。在该下拉列表框中可以选择图像的颜色模式，通常提供的图像颜色模式有位图、灰度、RGB 颜色、CMYK 颜色及 Lab 颜色 5 种。

（6）背景内容。也称背景，也就是画布颜色，通常选择白色。

（7）高级。单击"高级"前的按钮，可显示或隐藏高级选项区域，显示的高级选项区域如图 3-36 所示。

图 3-36　"高级"选项

（8）颜色配置文件。在其下拉列表框中可选择所需的颜色配置文件。

（9）像素长宽比。在其下拉列表框中可选择所需的像素长宽比。

确认所输入的内容无误后，单击"确定"按钮或按 Tab 键选中"确定"按钮，然后按"Enter"键，这样就建立了一个空白的新图像文件，如图 3-37 所示，可以在其中绘制所需的图像。

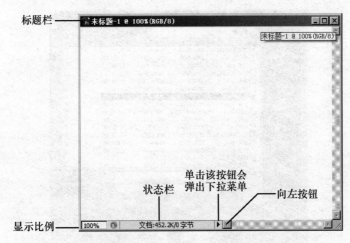

图 3-37　新建的图像窗口

图像窗口是图像文件的显示区域，也是编辑或处理图像的区域。在图像的标题栏中显示文件的名称、格式、显示比例、色彩模式和图层状态。如果该文件是新建的文件并未保存过，则默认以未标题加上连续的数字为文件的名称。

在图像窗口中可以实现所有的编辑功能，也可以对图像窗口进行多种操作，如改变窗口大小和位置、对窗口进行缩放、最大化与最小化窗口等。

还可在图像窗口左下角的文本框中输入所需的显示比例。在其后单击▶按钮，弹出如图 3-38 所示的菜单，可在其中选择所需的选项。

图 3-38　状态栏

将指针指向标题栏，可拖动图像窗口到所需的位置。将指针指向图像窗口的四个角或四边，鼠标形状成双向箭头状时拖动可缩放图像窗口。

如果要关闭图像窗口，可以在标题栏的右侧单击"关闭"按钮，将图像窗口关闭。

（二）图像文件的打开

如果需要对已经编辑过或编辑好的文件（它们不在程序窗口）进行继续或重新编辑，或者需要打开一些以前的绘图资料、图片进行处理等，可以选择"打开"命令来打开文件。

1. 利用"打开"命令打开图像文件

（1）选择"文件"→"打开"命令，便会弹出如图 3-39 所示的对话框。

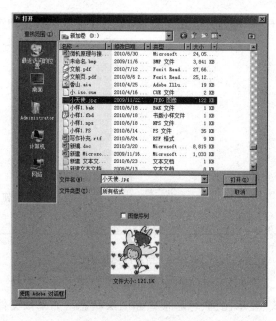

图 3-39　"打开"对话框

在"查找范围"下拉列表框中可以选择所需打开的文件所在的磁盘或文件夹名称。

在"文件类型"下拉列表框中选择所要打开文件的格式。如果选择"所有格式"选项，会显示该文件夹中的所有文件，如果只选择任意一种格式，则只会显示以此格式存储的

文件。

（2）在文件窗口中选择需要打开的文件，该文件的文件名就会自动显示在"文件名"下拉列表框中，单击"打开"按钮或双击该文件，可在程序窗口中打开所选文件。

如果要同时打开多个文件，需在"打开"对话框中按住 Shift 或 Ctrl 键用鼠标选择所需打开的文件，再单击"打开"按钮。如果不需要打开任何文件，则单击"取消"按钮即可。

2. 利用"打开为"命令以某种格式打开文件

选择"文件"→"打开为"命令，弹出如图 3-40 所示的对话框，在"文件类型"下拉列表框中选择所需的文件格式，再在文件窗口中选择所需的文件后单击"打开"按钮，即可将该文件打开到程序窗口中。

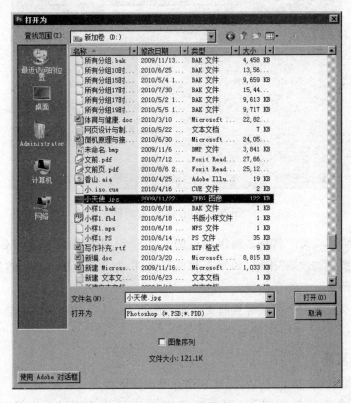

图 3-40　"打开为"对话框

它与"打开"命令不同的是，所要打开的文件类型要与"打开为"下拉列表框中的文件类型一致，否则就不能打开此文件。

（三）图像文件的保存

如果图像不再需要编辑与修改，应将其保存，可以选择"存储为"命令将其另存为一个副本，原图将不被破坏而且自动关闭。选择"文件"→"存储为"命令，弹出如图 3-41 所示的对话框，它的作用是将保存过的文件另外保存为其他文件或其他格式。

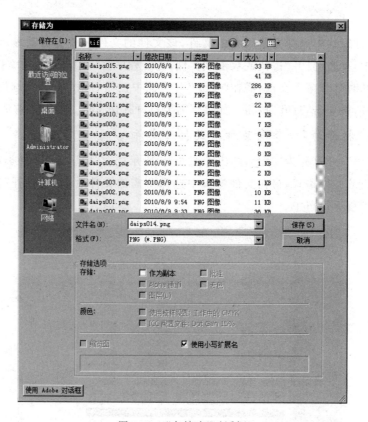

图 3-41 "存储为"对话框

如果在存储时该文件名与之前保存过的文件重名,则会弹出一个警告对话框,如果确实要进行替换,单击"是"按钮,如果不替换原文件,则单击"否"按钮,然后再对其进行另外命名或选择另一个保存位置。

"存储"命令经常用于存储对当前文件所做的更改,每一次存储都将会替换之前的内容,在 Photoshop CS3 中以当前格式存储文件。

(四)关闭文件

当编辑或绘制好一幅作品后,需要存储并关闭该图像窗口。

如果该文件已经存储好了,则在图像窗口标题栏上单击"关闭"按钮,或选择"文件"→"关闭"命令即可将存储过的图像文件直接关闭。

如果该文件还没有存储过或是存储后又更改过,那么会弹出一个警告对话框,询问是否要在关闭之前对该文档进行存储,如果要进行存储请单击"是"按钮,如果不存储则请单击"否"按钮,如果不关闭该文档就单击"取消"按钮。

如果程序窗口中有多个文件并且需要全部关闭,应选择"文件"→"关闭全部"命令。如果还有文件没有保存,那么会弹出一个对话框,询问是否要在关闭之前对该文档进行存储,可以根据需要单击相关按钮进行存储或不保存而直接关闭。

三、图像的选取

基本选取工具包括选框工具、套索工具和魔棒工具,如图 3-42 所示。选框工具在工具箱上默认的是"矩形选框工具"。

(a) 选框工具　　　　　　(b) 套索工具　　　(c) 魔棒工具

图 3-42　基本选取工具

(一)选框工具

使用选框工具选取图像区域是最常用且最基本的方法。使用"矩形选框工具""椭圆选框工具""单行选框工具"和"单列选框工具"可以分别选择矩形、椭圆形、横线和竖线区域,快捷键为 M。

1. 矩形选框工具

Photoshop CS3 中文版工具箱中各个工具的选项统一归于菜单栏下的工具栏,所以选中"矩形选框工具"后,选项栏也相应变为"矩形选框工具"的工具栏。"矩形选框工具"的工具栏分为 3 部分:修改选择方式、羽化与消除锯齿和样式,如图 3-43 所示。

图 3-43　"矩形选框工具"的工具栏

修改选择方式共分 4 种,如图 3-44 所示。

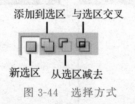

添加到选区　与选区交叉

新选区　从选区减去

图 3-44　选择方式

(1)新选区。单击"新选区"按钮后将清除已有的选区,创建新的选区。

(2)添加到选区。"添加到选区"按钮的作用是在旧的选区的基础上增加新的选区,形成最终的选区。一般常用于扩大选区或选取较为复杂的区域,如图 3-45 所示。

(3)从选区减去。"从选区减去"按钮的作用是在旧的选区中减去新的选区与旧的选区相交的部分,形成最终的选区。一般常用于缩小选区,如图 3-46 所示。

(4)与选区交叉。"与选区交叉"按钮的作用是使新的选区与旧的选区相交的部分为最终的选区,如图 3-47 所示。

在"羽化"文本框中可以输入相应的羽化半径值来对选区进行羽化操作,其后的"消除锯齿"复选框是用来消除锯齿的,只作用于椭圆形选择范围。

"样式"下拉列表框中的选项用于决定选区,有以下 3 个选项。

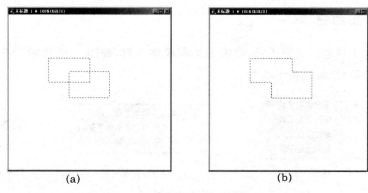

图 3-45　添加到选区后的效果

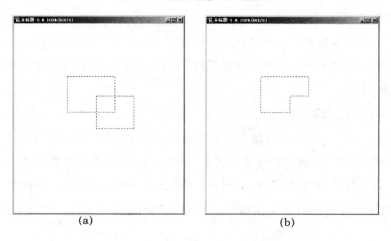

图 3-46　从选区减去另一选区后的效果

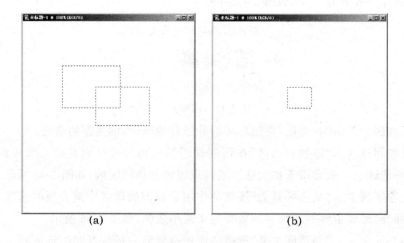

图 3-47　选择两选区交叉部分后的效果

（1）正常。选择此选项后，用户可以不受任何约束，自由创建选区。

（2）固定比例。在这种方式下可以任意设置矩形的宽度和高度的比例，只需在文本框中输入相应的数字即可，系统默认值为1∶1。

(3)固定大小。选择此选项后,用户在其后面的"宽度"和"高度"文本框中输入新选区的高度和宽度后可创建新的选区。系统默认值为 64×64 像素。

2. 椭圆选框工具

使用"椭圆选框工具"可以在图层上创建椭圆形选区,其工具栏的内容与用法和"矩形选框工具"中的大致相同,可以参照前面的介绍创建选区。

3. 单行选框工具

使用"单行选框工具"可以在图层上创建一个像素高的选区,如图 3-48 所示。其工具栏中只有选择方式可选,用法同"矩形选框工具"一样。"羽化"只能为 0 像素,"样式"不可选。

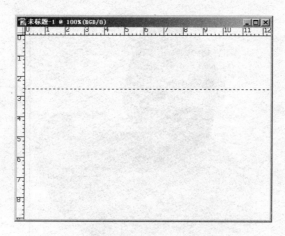

图 3-48 创建一个像素高的选区

4. 单列选框工具

使用"单列选框工具"可以在图层上创建一个像素宽的选区,如图 3-49 所示。其工具栏内容与"单行选框工具"的完全相同。

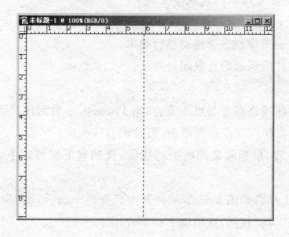

图 3-49 创建一个像素宽的选区

（二）套索工具

"套索工具"也是一种常用的范围选取工具，可用来创建直线线段或徒手描绘外框的选区。它包含3种不同形状的套索工具："套索工具""多边形套索工具"和"磁性套索工具"。

1. 套索工具

使用"套索工具"可以绘制出图像边框的直边和不规则的线段，它以自由手控的方式进行区域的选取。使用"套索工具"选取时，一定要注意选取的速度，因为在选取的过程中需要一气呵成。这种工具比较适合于一些不规则或者边缘较为突出的图像的选取，如图3-50所示。

图 3-50　使用"套索工具"建立选区

使用"套索工具"建立选区的常规步骤如下。

（1）选择工具箱中的"套索工具"。

（2）沿着待操作的图像的边缘拖动进行选取。

（3）移动鼠标指针回到起始点以闭合选区。

小技巧：

（1）如果选取的曲线终点与起点未重合，则 Photoshop 会封闭成完整的曲线。

（2）按住 Alt 键在起点与终点处单击，可绘出直线外框。

（3）按住 Delete 键，可删除最近所画的线段，直到剩下想要留下的部分，松开 Delete 键即可。

"套索工具"的工具栏如图3-51所示。其中只有两个选项，即"羽化"与"消除锯齿"，其用法与"矩形选框工具"相同，这里就不详细介绍了。

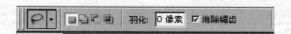

图 3-51 "套索工具"的工具栏

2. 多边形套索工具

使用"多边形套索工具"可以选择具有直边的图像部分,它以自由手控的方式进行范围的选取,一般多用于不规则的多边形范围选取。使用此工具所选取的图像都是棱角分明的,如图 3-52 所示。

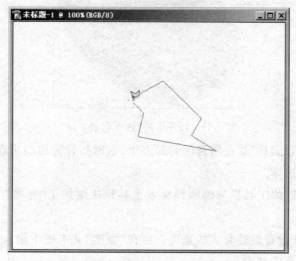

图 3-52 使用"多边形套索工具"创建的选区

当使用"多边形套索工具"创建选区且鼠标指针回到起点时,指针下会出现一个小圆圈,表示选择区域已封闭,此时再单击即完成操作。如果终点和起点不重合,在终点双击,则在终点和起点之间将自动连接一条直线,使选区封闭。

小技巧:

(1)按住 Alt 键,可徒手描绘选区。

(2)按住 Delete 键,可删除最近所画的线段,直到剩下想要留下的部分,松开 Delete 键即可。

"多边形套索工具"的工具栏与"套索工具"的完全相同,这里就不介绍了。

3. 磁性套索工具

"磁性套索工具"是一种具有可识别边缘功能的套索工具,特别适用于快速选择图像的边缘和图像背景对比强烈且边缘复杂的对象。该工具具有快速和方便的选取功能。

使用"磁性套索工具"建立选区的步骤如下。

(1)选择工具箱中的"磁性套索工具",工具栏中将显示该工具的各选项,如图 3-53 所示。

(2)在图像内单击以设置选区的起点。然后沿着图像的边缘移动选取,如图 3-54 所示。

图 3-53 "磁性套索工具"工具栏

图 3-54 选择中的"磁性套索工具"

(3)将"磁性套索工具"放在所选区的起点上,这时指针旁边会出现一个闭合的圆圈,单击闭合选区即可选择。

"磁性套索工具"的工具栏与前两种套索工具相比增加了"宽度""频率""边对比度"和"钢笔压力"选项。

(1)宽度。用于设置磁性套索的宽度。可在"宽度"文本框中输入 1～40 的一个像素值,数值越大,探查范围越大。

(2)频率。用于指定选取时的节点数。可输入 0～100 的一个值,数值越高,所产生的节点数越多,如图 3-55 所示。

(a) 频率为50时的效果   (b) 频率为100时的效果

图 3-55 不同套索节点频率的比较

(3)边对比度。用于设置套索的敏感度。可输入 1%～100% 的数值,数值大可用来选取对比锐利的边缘,数值小可用来选取对比度较低的边缘。

(4)钢笔压力。用于设置绘图板的钢笔压力。该复选框只有安装了绘图板和驱动程序,才变为可选。选中此复选框,则钢笔的压力增加,会使套索的宽度变细。

(三)魔棒工具

"魔棒工具"可以选择图像内色彩相同或者相近的区域,而无须跟踪其轮廓。还可以指定该工具的色彩范围或容差,以获得所需的选区。在一些具体的情况下既可以节省大量的精力,又能达到意想不到的效果。使用"魔棒工具"创建选区的效果如图 3-56 所示。

图 3-56　使用"魔棒工具"创建选区的效果

"魔棒工具"的工具栏中包括"容差""消除锯齿""连续的"和"用于所有图层"选项,如图 3-57 所示。

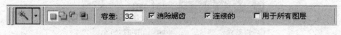

图 3-57　"魔棒工具"的工具栏

(1)"连续的"与"消除锯齿"这两个复选框不再详细介绍。

(2)容差。数值越小,选取的颜色范围越接近;数值越大,选取的颜色范围越大。可输入 0～255 的数值,系统默认值为 32。容差取值不同时,图像的效果也不相同,图 3-58 所示为容差为 20 与容差为 60 时的对比效果。

(3)用于所有图层。如果选中该复选框,则色彩选取范围可跨所有可见图层;否则魔棒只能在当前图层起作用。

四、用 Photoshop 处理图像

Photoshop CS3 中的图像编辑命令只对当前选区中的内容有效,用户只有在掌握了选区的制作方法之后,才可以进一步学习基本的图像编辑方法。由于图像编辑的内容比较广,因此相应的图像编辑命令也很多。下面介绍一些比较简单的图像编辑方法。

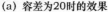

(a) 容差为20时的效果　　　　　　　(b) 容差为60时的效果

图 3-58　不同容差的比较

(一)旋转和翻转整个图像

使用"旋转画布"命令可以旋转或翻转整个图像,使用步骤如下。

(1)选择"图像"→"旋转画布"命令,弹出如图 3-59 所示的子菜单,从中选取下列命令之一。

图 3-59　"旋转画布"子菜单

①"180 度",将图像旋转半圈。

②"90 度(顺时针)",按顺时针方向将图像旋转 1/4 圈。

③"90 度(逆时针)",按逆时针方向将图像旋转 1/4 圈。

④"任意角度",按指定的角度旋转图像。如果选择了该命令,会弹出"旋转画布"对话框,如图 3-60 所示。在"角度"文本框中可输入－359.99～359.99 的角度,然后选择按顺时针或逆时针方向旋转,单击"好"按钮。

图 3-60 "旋转画布"对话框

⑤"水平翻转画布",能够将图像沿垂直轴水平翻转。

⑥"垂直翻转画布",能够将图像沿水平轴垂直翻转。

(2)旋转后的效果如图 3-61 所示。

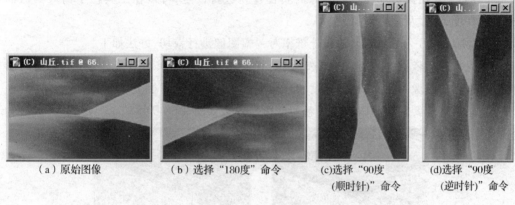

（a）原始图像   （b）选择"180度"命令   (c)选择"90度"   (d)选择"90度"
                                         (顺时针)"命令   (逆时针)"命令

图 3-61 图像旋转效果

(二)裁切图像

裁切是移去部分图像以形成突出或加强图形效果的过程。用户可以使用"裁剪工具"和"裁切"命令裁切图像,还可以使用"修整"命令裁减像素。下面介绍 3 种裁切图像的方法。

1. 裁剪工具

在裁切图像时,经常使用的是"裁剪工具"。使用"裁剪工具"裁切图像的步骤如下。

(1)选择工具箱中的"裁剪工具"。

(2)在图像上拖动,选择要裁切的区域。

(3)按 Enter 键,或单击工具栏中的"提交"按钮,或在裁切选框中双击,3 种方法都可以执行裁剪。

(4)要取消裁切操作,按 Esc 键或单击工具栏中的"取消"按钮。

如果要设定更精确的裁剪范围,则必须在操作之前先设置工具栏中的各个参数。"裁剪工具"的工具栏如图 3-62 所示。

图 3-62 "裁剪工具"的工具栏

工具栏中各参数的意义如下。

(1)"宽度""高度""分辨率"这3个文本框分别用于设置裁切范围的宽度、高度和分辨率大小。若在这3个文本框中输入相应的数值,则裁切后的图像将以此为标准。

(2)单击"前面的图像"按钮将可以显示当前图像的实际高度、宽度和分辨率。

(3)单击"清除"按钮可清除3个文本框中的设置数值。

下面介绍设置"裁剪工具"的工具栏的方法。

(1)如果裁切图像后希望裁切部分维持原来的属性,即尺寸和分辨率均不改变(默认),那么使工具栏中的所有文本框为空即可。

(2)如果要在裁切过程中对图像的属性重新进行设定,可以在工具栏中输入裁切部分新的高度、宽度及分辨率值。

(3)要基于另一图像的尺寸和分辨率对一幅图像进行裁切,方法如下。

①先打开所依据的那幅图像,选择"裁剪工具"🔳,然后单击工具栏中的"前面的图像"按钮,当前图像的实际高度、宽度和分辨率就会显示在工具栏上。

②然后打开要裁切的图像进行裁切即可。效果如图3-63所示。

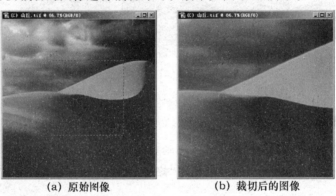

(a) 原始图像　　　　　　　(b) 裁切后的图像

图 3-63　基于另一图像的尺寸和分辨率对一幅图像进行裁切

用户在创建裁切选框后仍可以调整它,所以在创建裁切选框时,选框不必十分精确。

(1)要将选框移动到其他位置,可将指针放在裁切选框内并拖动。

(2)要缩放选框,可拖动手柄。

(3)要旋转选框,可将指针放在裁切选框外(指针变为🔄)并拖动。

(4)要移动选框旋转时所围绕的中心点,可拖动位于裁切选框中心的圆,如图3-64所示。

当用"裁剪工具"🔳选择了一块区域后,工具栏将会发生变化,如图3-65所示。

其中可以设置的参数介绍如下。

(1)选中"屏蔽"复选框后,被裁切掉的部分将会被遮住,同时可以选择覆盖的颜色和不透明度。

(2)选中"透视"复选框,可以对裁切范围进行任意的透视变形和扭曲操作,其方法是移动光标至裁切范围四周的控制点拖动即可。

(3)用户还可以指定是要隐藏还是要删除被裁切的区域。选中"隐藏"单选按钮,裁

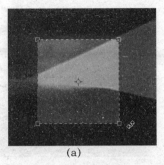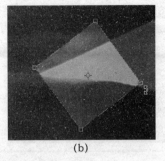

(a)   (b)

图 3-64 调整裁切选框

图 3-65 选择区域后的"裁剪工具"的工具栏

切区域将保留在图像文件中。用户可以通过用"移动工具" 移动图像来使隐藏区域可见。选中"删除"单选按钮,将扔掉裁切区域。

提示:Photoshop 还提供了一个与"裁剪工具"相同功能的命令,即"裁切"命令,选择"图像"→"裁切"命令即可。

2. 裁切图像空白边缘

Photoshop 还提供了一种特殊的裁切方法,即裁切图像空白边缘。当图像周围出现空白内容时,如果要将它裁切掉,可以直接用"修整"命令去除,其操作步骤如下。

(1)打开要处理的图像。

(2)选择"图像"→"修整"命令。

(3)弹出"修整"对话框,如图 3-66 所示,对话框中各选项的意义如下。

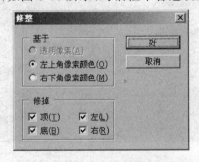

图 3-66 "修整"对话框

①基于。在该选项区域中选择一种方式,指定基于某个位置进行裁切。选中"透明像素"单选按钮,则按图像中有透明像素的位置进行裁切;选中"左上角像素颜色"单选按钮,则以图像左上角位置为基准进行裁切;若选中"右下角像素颜色"单选按钮,则以图像右下角位置为基准进行裁切。

②修掉。在这个选项区域中选择裁切的区域,分别为"顶""左""底""右"。如果全部选中,则裁切选区的四周。

(4)设置好选项后,单击"好"按钮完成裁切,效果如图 3-67 所示。

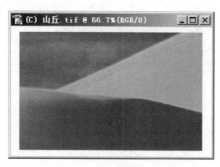
（a）原始图像

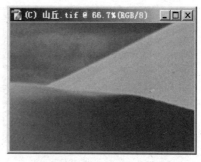
（b）裁切掉图像白边后的效果

图 3-67　裁切掉图像四周白边的效果

3. 在新窗口中放置裁切图像

有时候,用户需要裁切图像中的某一部分拿来使用,但并不想破坏原图像。使用"裁切并修齐照片"命令可以很方便地满足用户的需求。

(1)打开一张包含需要部分的图像。

(2)使用工具箱中的"矩形选框工具"在需要分离出来的对象上创建选区。

(3)选择"文件"→"自动"→"裁切并修齐照片"命令,即可在新窗口打开裁切部分,而保留原始图像,如图 3-68 所示。

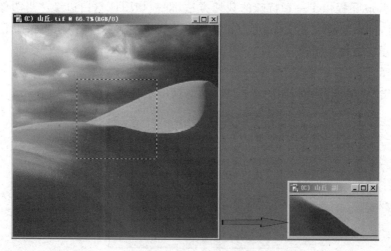

图 3-68　在新窗口中旋转裁切图像

(三)变换对象

用户可以将缩放、旋转、斜切、扭曲和透视应用于整个图层、图层的选中部分、蒙版、路径、形状、选区边框和通道。

1. 缩放、旋转、斜切、扭曲和透视

选择"编辑"→"变换"命令可以打开"变换"子菜单,如图 3-69 所示,其中命令的用途如下。

(1)缩放。相对于其参考点扩大或缩小对象。用户可以水平、垂直或同时沿这两个方向缩放。

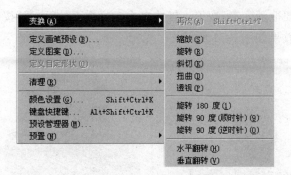

图 3-69 "变换"菜单

（2）旋转。围绕参考点转动对象。在默认情况下，该点位于对象的中心；但是，用户可以将它移动到另一个位置。

（3）斜切。可用于垂直或水平地倾斜对象。

（4）扭曲。可用于向所有方向伸展对象。

（5）透视。可用于将单点透视应用到对象。

使用步骤如下。

（1）选择变换对象，可以用选取工具进行选择，如图 3-70 所示。

图 3-70 选择变换对象

（2）选择"编辑"→"变换"命令，选择一种变换方式。

（3）设置参考点。所有变换都围绕一个称为参考点的固定点执行。在默认情况下，这个点位于正在变换的对象的中心。

①设置变换的参考点。选择变换命令后，图像上会出现定界框。在工具栏中，单击参考点定位符▦上的方块。每个方块表示定界框上的一个点。

②移动变换的中心点。图像出现定界框后，拖动中心点即可。

（4）选择一种变化后，还可以通过在"编辑"→"变换"子菜单中选择命令来切换到其他类型的变换。

（5）如果对结果感到满意，按 Enter 键确认，或单击工具栏中的"提交"按钮，或在变换选框内双击。如果要取消变换，按 Esc 键或单击工具栏中的"取消"按钮。

应用变换后的效果如图 3-71 所示。

（a）应用"缩放"变换　　　　　　（b）应用"旋转"变换

图 3-71　应用变换后的效果图

2. 精确地翻转或旋转

虽然使用"旋转"命令可以旋转对象，但用户并不知道旋转的精确角度。使用"变换"子菜单中的命令，用户可以精确控制旋转的角度。这些命令介绍如下。

（1）180°，将图像旋转 180°。

（2）90°（顺时针），将图像顺时针旋转 90°。

（3）90°（逆时针），将图像逆时针旋转 90°。

（4）水平翻转，水平翻转图像。

（5）垂直翻转，垂直翻转图像。

3. 使用自由变换命令

"自由变换"命令可用于在一个连续的操作中应用变换（旋转、缩放、斜切、扭曲和透视）。使用方法如下。

（1）选择要变换的对象。

（2）选择"编辑"→"自由变换"命令，或者按 Ctrl＋T 组合键，进入自由变换状态，此时的工具栏如图 3-72 所示。

图 3-72　"自由变换"工具栏

①用户可以通过拖动手柄进行缩放。拖动顶角处的手柄时按住 Shift 键可按比例缩放。

②如果要根据数字进行缩放，可以在工具栏的 W 和 H 文本框中输入百分比。单击"链接"按钮可保持长宽比。

③如果要通过拖动进行旋转（相当于"旋转"命令），将指针移动到定界框的外部（指针变为弯曲的双向箭头），然后拖动即可。

④如果要根据数字旋转，可以在工具栏的旋转文本框中输入角度。

⑤如果要相对于定界框的中心点扭曲,可按住 Alt 键,并拖动手柄。

⑥如果要自由扭曲(相当于"扭曲"命令),可按住 Ctrl 键,并拖动手柄。

⑦如果要斜切(相当于"斜切"命令),可按住 Ctrl＋Shift 组合键,并拖动手柄。当定位到边手柄上时,指针变为带一个小双向箭头的灰色箭头。

⑧如果要根据数字斜切,请在工具栏的 H(水平斜切)和 V(垂直斜切)文本框中输入角度。

⑨如果要应用透视(相当于"透视"命令),可按住 Ctrl＋Alt＋Shift 组合键,并拖动顶角处的手柄。当拖动到顶角处的手柄上时,指针变为灰色箭头▶。

⑩如果要更改参考点,可单击工具栏的"参考点定位符"上的方块。

⑪如果要移动对象,可在工具栏的 X(水平位置)和 Y(垂直位置)文本框中输入参考点的新位置的值。单击"相对定位"按钮,可以相对于当前位置指定新位置。

⑫如果对结果感到满意,按 Enter 键确认,或单击工具栏中的"提交"按钮,或在变换选框内双击。如果要取消变换,可按 Esc 键或单击工具栏中的"取消"按钮。

(四)图像编辑命令

1. 剪切、复制和粘贴

剪切、复制、粘贴的操作步骤如下。

(1)打开要进行操作的图像,在要复制的图像中选取一个区域。

(2)选择"编辑"→"复制"命令,或按 Ctrl＋C 组合键,将选中范围复制到剪贴板。

(3)打开要往上粘贴的图像,选择"编辑"→"粘贴"命令,或按 Ctrl＋V 组合键,粘贴剪贴板中的图像。

(4)粘贴后,在"图层"面板中会出现一个新的图层,其名称会自动命名,并且粘贴后的图层成为当前作用图层。

(5)如果要执行剪切,则只需在第二步时选择"编辑"→"剪切"命令或按 Ctrl＋X 组合键即可。剪切后将选取范围的图像去掉,放入剪贴板,所以剪切区域内的图像会消失,并填入背景色。

2. 合并拷贝和粘贴入

关于复制和粘贴,在"编辑"菜单中还提供了两个命令,即"合并拷贝"和"粘贴入"。这两个命令的功能介绍如下。

(1)合并拷贝。这个命令用于复制选取范围内的所有图层,即在不影响原图的情况下,复制所有图层的内容到剪贴板,而并不局限于当前操作图层。

(2)粘贴入。与"粘贴"命令不同的是,使用这个命令之前,必须先选定一个范围,执行该命令后,粘贴的图像仅显示在这个范围之内。

3. 移动与清除图像

移动图像通常用工具箱中的"移动工具"。方法是:选中要移动的图层,在工具箱中选中"移动工具",拖动要移动的对象到需要的位置即可。

除了移动图层,还可以移动一定范围内的图像。用选取工具选择一定的范围,然后

用"移动工具" 即可移动选取范围内的图像。

小技巧:用户可以在选中其他工具(如抓手、钢笔等)的情况下移动图层,方法是按住 Ctrl 键,同时拖动。若在使用"移动工具"拖动的同时按住 Alt 键,则可以在移动的同时复制图像,其效果相当于先复制再粘贴。若移动时不使用鼠标,而是按住 Ctrl+方向键,则将会沿四个方向以一个像素为单位移动。

下面介绍"移动工具"的工具栏,如图 3-73 所示。各个选项的意义如下。

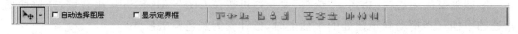

图 3-73 "移动工具"的工具栏

(1)自动选择图层。选中这个复选框后,只需在图像窗口中单击当前显示的某一图层中的图像,就可以自动选择该图层。

(2)显示定界框。选中这个复选框后,在要移动的图像范围(包括图层和选择的范围)四周出现控制边框,如图 3-74 所示,此时可以进行旋转、翻转和变形等操作。

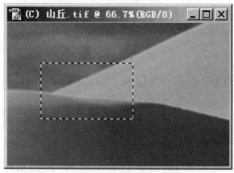

(a) 未选中"显示定界框"复选框时的效果　　(b) 选中"显示定界框"复选框时的效果

图 3-74 选取"显示定界框"复选框显示控制边框

要清除图像内容,方法如下:先用选取工具选择一定的范围,即需要清除的内容,然后选择"编辑"→"清除"命令,或者直接按 Delete 键即可。删除后的图像会填入背景色。

(五)仿制和修复图像

1. 仿制图章工具

"仿制图章工具" 是一种复制图像的工具,即在要复制的图像上取一个点,而后复制整个图像。使用仿制图章的步骤如下。

(1)首先在工具箱选择"仿制图章工具" 。

(2)把鼠标移动到想要复制的图像上,按住 Alt 键,这时鼠标图标变为瞄准器形状 ,单击选择复制的起点,松开 Alt 键。

(3)在图像的任意位置开始拖动进行复制,十字形图标表示当前复制点,如图 3-75 所示。

图 3-75 仿制图章工具的实例

"仿制图章工具"的工具栏(图 3-76)包括"画笔""模式""不透明度""流量""对齐的"和"用于所有图层"选项。

图 3-76 "仿制图章工具"选项栏

(1)"画笔""模式""不透明度"和"流量"选项的设置已经在前面介绍过,这里不再赘述。

(2)选中"对齐的"复选框后,可以松开鼠标,当前的取样点不会丢失。如果取消选中该复选框,则每次停止和继续绘画时,都将从初始取样点开始应用样本像素。

2. 图案图章工具

"图案图章工具" 使用户可以用图案绘画。可以从图案库中选择图案或者创建自己的图案。Photoshop 中有预置的几种图案图章。使用图案图章工具复制图像的步骤如下。

(1)打开要复制的图像,用"矩形选框工具"选取所要复制的部分。

注意:必须用"矩形选框工具"选取所要复制的部分,因为 Photoshop 所能定义的图案都是矩形的。

(2)选择"编辑"→"定义图案"命令,弹出"图案名称"对话框,如图 3-77 所示,输入新建图案的名称,单击"好"按钮。

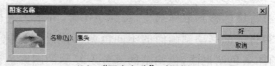

(a) 创建选区   (b) "图案名称"对话框

图 3-77 创建选区图及"图案名称"对话框

(3)在工具箱中选择"图案图章工具" ,此时在工具栏的"图案"下拉列表中多出了

一个刚才定义的图案,如图 3-78 所示。

图 3-78　"图案图章工具"的工具栏

(4)在图像页面上拖动复制图案,效果如图 3-79 所示。

图 3-79　应用"图案图章工具"实例

"图案图章工具"的工具栏包括"画笔""模式""不透明度""流量""图案"和"对齐的""印象派效果"选项。

(1)"画笔""模式""不透明度""流量"和"对齐的"选项的用途和使用方法同仿制图章,不再赘述。

(2)单击"图案"下拉列表框右侧的下拉箭头,弹出图案面板,可以选择要复制的图案。

(3)选中"印象派效果"复选框可以使绘制的图案具有印象主义画派的风格,使人印象深刻。

3. 修复画笔工具

"修复画笔工具"可用于校正瑕疵。与仿制工具一样,使用"修复画笔工具"可以利用图像或图案中的样本像素来绘画。使用"修复画笔工具"的方法如下。

(1)选择工具箱中的"修复画笔工具"。

(2)将鼠标移到取样部位,按住 Alt 键,并单击进行取样。

(3)将鼠标移动到画面的不同色调部位进行涂抹,如图 3-80 所示。色调浅的部分所复制的图案色调也浅,色调暗的部分所复制的图案色调也暗。

"修复画笔工具"的工具栏(图 3-81)包括"画笔""模式""源"和"对齐的""用于所有图层"选项。其中"源"选项包含"取样"和"图案"两个单选按钮。

图 3-80 在不同色调区使用修复画笔

图 3-81 修复画笔工具的工具栏

(1)"画笔""模式"和"对齐的"的用途和使用方法同仿制图章,不再赘述。

(2)选中"取样"单选按钮可以使用在当前图像中取样的像素;选中"图案"单选按钮可以从下拉列表中选择图案。

4. 修补工具

"修补工具" ✿ 使用户可以用其他区域或图案中的像素来修复选中的区域。使用方法如下。

(1)在工具箱中选择"修补工具" ✿。

(2)在图像中拖动以选择想要修复的区域。

(3)在图像中拖动选区到要从中取样的区域,还可以在选择"修补工具"之前选择区域。

(4)释放鼠标后,图片中的背景色被移植到要修复的区域,但色彩并没有复制,效果十分自然。

"修补工具"的工具栏(图 3-82)上的按钮与选取工具的工具栏上的使用方法是相同的。

图 3-82 "修补工具"的工具栏

(1)如果在工具栏"修补"选项组中选中了"源"单选按钮,修补的步骤是:先将选区边框拖动到想要从中进行取样的区域。松开鼠标时,原来选中的区域用样本像素进行修补。系统默认是选中"源"单选按钮,所以前面是用此方法进行修补的。

(2)如果在选项栏"修补"选项组中选中了"目标"单选按钮,修补的步骤是:先将选区

边框拖动到要修补的区域。松开鼠标时,新选中的区域用样本像素进行修补。

(3)要使用图案修复区域,同样先选择"修补工具",在图像中拖动,选择要修复的区域。然后从工具栏的"图案"下拉列表框中选择图案,并单击"使用图案"按钮即可。

5. 颜色替换工具

使用"颜色替换工具"可以将图像中选择的颜色替换为新颜色。右击工具箱中的"修复画笔工具"按钮,会弹出一个下拉工具列表,在其中选择"颜色替换工具",此时的工具栏如图 3-83 所示。

图 3-83 "颜色替换工具"的工具栏

该工具栏中的几个重要参数作用如下。

(1)画笔。在"画笔"下拉列表框中可以调整画笔的直径、硬度及间距。

(2)取样。该下拉列表框中包括以下选项。

①连续。在图像中拖动,可以将鼠标经过的区域颜色替换成新设置的前景色。

②一次。在整个图像中,只将第一次单击的颜色区域替换成新设置的前景色。

③背景色板。在整个图像中,只将背景色替换成新设置的前景色。

(3)限制。单击下拉列表框右侧的下拉按钮可以打开"限制"下拉列表,如图 3-84 所示。各选项意义如下。

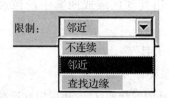

图 3-84 "限制"下拉列表

①不连续。选择该选项时,只替换当前鼠标所在处的颜色。

②邻近。选择该选项时,不仅替换鼠标所在处的颜色,而且同时对那些鼠标周围的、颜色与鼠标所在处相近的区域进行颜色替换。

③查找边缘。替换图形边缘处的颜色,同时更好地保留图形边缘的清晰程序。

(4)容差。单击下拉列表框右侧的下拉按钮可以打开调节滑杆,调节百分比值。值越大,允许的颜色差别就越大,反之越小。

(5)消除锯齿。选中此复选框,可以平滑修补区域的边缘。

任务总结

　　本任务侧重训练 Photoshop CS3 图像选取功能的使用和简单的图像编辑处理能力。Photoshop CS3 作为图像处理软件,是每一个图像设计人员都非常熟悉的,同学们可以通过本任务的工作界面介绍再详细地了解并掌握它的其他强大功能,这是非常必要的。

任务拓展

　　怎样使一张图片和另一张图片很好地融合在一起?

　　操作提示:有两种方法。

　　(1)选中图片,实行羽化,然后反选,再按 Delete 键,这样可以把图片边缘羽化,达到较好的融合效果。可以把羽化的像素设定得大一些,同时还可以多按几次 Delete 键,融合效果会更好。

　　(2)在图片上添加蒙版,然后选择羽化的喷枪对图片进行羽化,同样能达到融合的效果。

项目4 数字视频和音频处理技术

情境导入

在现实生活中,电影、广告等常见的影视作品让人感到画面优美、流畅,除了拍摄因素,专业、优秀的后期制作也起着很大作用。其实,很多简单易用的视频编辑软件都可以完成视频和音频处理工作,如剪辑、转场、添加音效等。

学习目标

1.了解数字视频技术的基础知识,了解 MPEG 的图像压缩技术。

2.了解声音的基本概念。

3.了解音频数据的压缩与编码,了解 MIDI 技术。

4.熟悉视频和音频编辑软件会声会影工作界面。

能力目标

1.能根据需要压缩声音文件。

2.能掌握视频剪辑的基本操作方法和技巧。

3.能掌握音频处理的基本操作方法和技巧。

任务一　数字视频技术应用

任务导入

人类很早就有把自己日常活动的场景记录下来,供日后能够播放出来欣赏和回忆的美好愿望。直到电影问世,这个愿望才得以实现。但是,电影除了专业人员,普通人还是很难用到它。电视技术的出现给人们带来了新的希望。随着电子技术和电视技术的发展,电视机日益普及,摄像机和录像机进入了寻常百姓家,人们的梦想终于实现了。

任务分析

本次任务是了解数字视频处理技术基本知识和利用会声会影软件进行简单的视频剪辑。首先要了解数字视频技术的基础知识及 MPEG 压缩技术;然后运用视频和音频编辑软件会声会影简单编辑一段视频。

任务实施

一、数字视频技术的基础知识

(一)数字视频的扫描与同步

1. 电子束扫描

电视技术是在电影技术的基础之上,随着无线电技术和阴极射线管成像技术的发展而发展起来的。电影采用强光透射透明胶片将整幅画面同时投影的方法放映。而电视由于无线电信号的传输和放映要同步进行,所以无法采用电影那样的投影方法。研究人员通过对人眼极限分辨率的研究得知,当观看距离为屏幕高的 4～6 倍时,人眼能够分辨出的图像垂直方向上的细节需要大约 833 个像素。那么,如果按照人观看的习惯,电视屏幕的宽高比是 4:3 的话,电视的一个画面就要传输 $833 \times 833 \times 4/3 \approx 925\ 185\ 333$ 个像素信号。要通过无线电同时传输如此大的信号量是不可能的,所以在电视技术上采用的是电子束扫描的方法传输和放映电视画面。

用电子束按从左到右,从上到下的顺序接通受光板上的每一点(像素),并连续地把

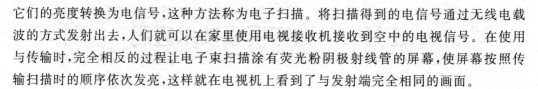

它们的亮度转换为电信号,这种方法称为电子扫描。将扫描得到的电信号通过无线电载波的方式发射出去,人们就可以在家里使用电视接收机接收到空中的电视信号。在使用与传输时,完全相反的过程让电子束扫描涂有荧光粉阴极射线管的屏幕,使屏幕按照传输扫描时的顺序依次发亮,这样就在电视机上看到了与发射端完全相同的画面。

2. 扫描同步与电视信号

当行扫描从左到右扫描完一行时,在水平方向上,电子束要返回屏幕的左端,这时场扫描就需要将电子束的垂直位置向下移 2 行,以保证正确地进行下一行扫描。当场扫描从上到下扫描完一场时,在垂直方向上,电子束要返回屏幕的顶端;同时在水平方向上,电子束还要返回屏幕的左端或中部。这些对电子束的控制是保证电视画面准确、稳定所必需的,而且在摄像管和显示管中要完全一致,这在扫描技术上称为同步。所以在传输电视信号时,除了电视画面信号(亮度信号和彩色信号),还需要控制电子束的同步信号。控制行扫描的同步信号称为行同步信号,控制场扫描的同步信号称为场同步信号。将行扫描信号和场扫描信号合成,就构成了简单的复合同步信号。

(二)电视的制式

目前,世界上总共有 3 种电视制式。它们分别是中国和欧洲各国等使用的 PAL 制、美国和日本等使用的 NTSC 制及法国、俄罗斯和一些东欧国家使用的 SECAM 制。这 3 种不同的制式在扫描方式、彩色变换方式、信号传输特性上都不相同,所以它们是互不兼容的。下面分别介绍各种电视制式的特点。

1. PAL 制电视的特点

PAL 制电视的主要扫描特性如下。

· 水平扫描特性:625 垂直扫描行数/帧;行扫描频率 15 625 Hz。
· 垂直扫描特性:25 帧/s,2 场/帧;场扫描频率 50 Hz,帧扫描频率 25 Hz。
· 宽高比:4:3。
· 扫描方式:隔行扫描 312.5 行/场。
· 颜色变换模型:YUV。

在传输电视信号时,每一行传输图像信号的时间是 52.2 μs,剩余的 11.8 μs 是逆程回扫时间,同时也包括行同步和消隐信号;在每场 312.5 行的场扫描中,场回扫占 25 行,不能传输图像信号。因此,每场传输 287.5 个图像行,即每帧 575 行。

2. NTSC 制电视的特点

NTSC 制电视的主要扫描特性如下。

· 水平扫描特性:525 垂直扫描行数/帧,行扫描频率 15 734 Hz(周期 63.5 μs)。
· 垂直扫描特性:30 帧/s,2 场/帧,场扫描频率 60 Hz,帧扫描频率 30 Hz。
· 宽高比:4:3。
· 扫描方式:隔行扫描,262.5 行/场。
· 颜色变换模型:YIQ。

在传输电视信号时,每一行传输图像信号的时间是 $53.5\mu s$.剩余的 $10\mu s$ 是逆程回扫时间,同时也包括行同步和消隐信号;在每场 262.5 行的场扫描中,场回扫占 20 行,不能传输图像信号。因此,每场传输 242.5 个图像行,即每帧 485 行。

3.SECAM 制电视的特点

SECAM 是法国开发的一种彩色电视广播标准。SECAM 制的扫描特性与 PAL 制相似,区别是 SECAM 制中的色度信号是调频的,而 PAL 制是调幅的。另外,SECAM 制的色差信号按照行的顺序传输。

SECAM 制电视的主要扫描特性与 PAL 制基本一样,但是 SECAM 制所占的带宽比 PAL 制要大,其电视信号带宽为 6 MHz,总带宽为 8 MHz。

以上 3 种电视制式的国际标准见表 4-1。

表 4-1　彩色电视国际标准

参　数	制　式		
	PAL－G　PAL－1　PAL－D	NTSC	SECAM
行数/帧	625	525	625
帧/s(场/s)	25(50)	30(60)	25(50)
行/s	15 625	15 734	15 625
参考白光	C 白	D6 500	D6 500
声音载波/MHz	5.5　　6.0　　6.5	4.5	6.5
γ	2.8	2.2	2.8
彩色副载/MHz	4.43	3.58	2.25(＋U) 4.41(－V)
彩色调制	正交调幅(QAM)	正交调幅(QAM)	调频(QAM)
亮度带宽/MHz	5.5	4.2	6.0
色度带宽/MHz	1.3(Ut) 1.3(Vt)	1.3(I) 0.6(Q)	＞1.00(Ut) ＞1.00(Vt)

二、视频图像的数字化

(一)电视数字化的需求

在计算机应用日益普及的今天,数字化已经成了各个领域技术进步的标志。计算机技术给人类带来的进步是显而易见的,而计算机应用的普及和推进的基础就是数字化。电视的数字化是电视技术和电视应用两方面的共同要求。

1.电视技术的发展对数字化的要求

20 世纪 80 年代以后,各种新型的电视技术设备逐渐采用了数字技术。到 20 世纪 90 年代中后期,几乎全部摄像、编辑、制作设备都已经实现了数字化。与传统的模拟电视技

术比较,数字化电视技术的优点是非常明显的。

- 以数字信号拍摄的电视画面分辨率高、画面稳定、色彩鲜艳,并且具有非常高的信噪比。

- 将数字电视设备与计算机相连,可以将数字电视信号直接输入计算机,使得电视节目的后期编辑、制作变得非常方便精确。采用数字电视信号很容易将计算机生成的动画、字幕等特技效果与摄像机拍摄的电视画面进行无缝叠加,使拍摄的真实画面和计算机生成的人工画面自然融合、相得益彰。

- 由于数字信号的抗干扰能力很强,因此数字电视节目在复制和传输时对电视图像的质量几乎不会造成任何损失。日本 SONY 公司曾经做过数字电视数据的复制实验,得出的结果是,将数字电视光盘复制 50 代后所产生的误差用肉眼完全看不出来。

- 对数字化电视节目可以实现电视节目的计算机数据库进行管理,从而实现电视节目自动检索、自动播放和网络传输,进而实现用户点播电视节目。上述优点在模拟电视技术条件下是根本无法实现的,因此电视技术的发展迫切地要求电视图像的全数字化。

2. 电视用户对数字化的要求

随着人类生活水平的不断提高,人们对电视的要求也越来越高。

- 人们希望看到更加清晰、稳定、逼真的电视画面。

- 人们希望听到质量更好的伴音效果。

- 人们希望电视节目是双向互动的。

对于一般观众而言,他们并不关心电视采用什么技术,而只关心他们的要求是否能够实现,但是人们的上述要求使用模拟技术是无法达到的。

(二)电视数字化的方法

与模拟电视信号采用彩色分量来表示电视图像的原理基本相同,数字电视系统也采用彩色分量来表示电视数据,如使用 YUV、YIQ、YCrCb 或采用 RGB 三基色分量,所以电视图像数字化有时候也称为分量数字化(Component Digitization)。电视数字化有两种常用方法:一种是先进行彩色分离,再进行数字化;另一种是先进行数字化,再进行彩色分离。

1. 彩色分离后进行数字化

这种方法是在模拟信号的基础上先将复合电视信号中的彩色分量分离出来,然后对它们分别进行数字化。现在所使用的模拟电视信号源是彩色全电视信号,如录像带、激光视盘、摄像机等。对于这些彩色全电视信号的数字化,通常是先将它们分离为 YUV、YIQ、YCrCb 或者 RGB 彩色空间的分离信号,然后将各个分量分别送到三个对应的模拟/数字转换器(A/D),将它们数字化。这种电视图像的数字化方法速度比较快,数字化效果好,但是需要 3 个 A/D 转换器,设备成本比较高。

2. 数字化后进行彩色分离

先将彩色全电视信号送到一个高速 A/D 转换器进行数字化处理,然后再对数字彩色全电视信号进行分离,从而获得分量数据 YUV、YIQ、YCrCb 或者 RGB。这种数字化方法只需使用一个 A/D 转换器,电路比较简单,设备成本较低。

(三)电视图像数字化的国际标准

20 世纪 80 年代初,国际无线电咨询委员会(Consultative Committee on International Radio,CCIR)制定了演播室质量的彩色电视图像数字化标准 CCIR 601,后来改为 ITU(International Telecommunications Union,国际电信联盟)-R BT.601 标准。该标准规定了模拟彩色电视在进行图像数字化时所使用的频率及 RGB 和 YCrCb 两个彩色空间转换函数关系等。这个标准对于数字图像处理在科研、开发方面都非常重要。目前,大部分视频硬件产品都是以 ITU-R BT.601 作为标准。表 4-2 是 ITU-R BT.601 标准的摘要。

表 4-2　彩色电视数字化标准(ITU-R BT.601)摘要

采样格式	信号形式	采样频率/MHz	采样数/扫描行		数字信号取值(A/D)	
			NTSC 制式	PAL 制式		
4:2:2	Y	13.5	858(720)	864(720)	220 级(16~235)	225 级(16~240)128±112
	Cr	6.75	429(360)	432(360)		
	Cb	6.75	429(360)	432(360)		
4:4:4	Y	13.5	858(720)	864(720)	220 级(16~235)	225 级(16~240)128±112
	Cr	13.5	858(720)	864(720)		
	Cb	13.5	858(720)	864(720)		

需要说明以下几点。

- 表 4-2 对 PAL 制式用的指标对 SECAM 制也是适用的。
- 在采样时,采样频率信号要与场同步信号和行同步信号同步。
- 按照 ITU-R BT.601 标准规定的采样频率,亮度信号是 13.5 MHz,色度信号是 6.5 MHz。如果每个采样点深度是 8 bits,那么数字化的数据率是(13.5+6.75+6.75)×8＝216 Mb/s,就是说每秒钟采集的数据量是 216Mb,这对于目前使用的带宽而言,显然是一个很大的数量。所以在实际应用中,图像的分辨率经常是灵活处理的。例如,大部分视频图像卡的采样分辨率是:NTSC 制采用 640×480;PAL 制和 SECAM 制采用 768×576。

(四)图像子采样

在彩色电视图像信号进行数字化的时候,对亮度信号的采样频率和对色度信号的采

样频率可以相同,也可以不相同。人的视觉有以下两个明显的特点。

- 人眼对彩色信号的敏感度低于对亮度信号的敏感度。
- 人眼的空间分辨率有限,对图像细节的分辨能力有一定的限度。

利用人视觉系统的这两个特点,就可以采取两个相对应的策略:降低对色度信号的采样频率,适当去掉亮度信号的中高频部分。

当色度信号的采样频率比亮度信号低时,就称这种采样为子采样(Sub Sampling)。电视图像数字化采样格式见表 4-3。

表 4-3　电视图像素像数字化采样格式

格　式		像素								
		P1	P2	P3	P4	P5	P6	P7	P8	···
4:1:1	Y	+	+	+	+	+	+	+	+	···
	U	+	−	−	−	+	−	−	−	···
	I	+	−	−	−	+	−	−	−	···
4:2:2	Y	+	+	+	+	+	+	+	+	···
	U	+	−	+	−	+	−	+	−	···
	I	+	−	+	−	+	−	+	−	···
4:4:4	Y	+	+	+	+	+	+	+	+	···
	U	+	+	+	+	+	+	+	+	···
	I	+	+	+	+	+	+	+	+	···
4:4:4	R	+	+	+	+	+	+	+	+	···
	G	+	+	+	+	+	+	+	+	···
	B	+	+	+	+	+	+	+	+	···

注:表中的＋表示采样;－表示不采样。

(1)4:1:1 采样格式。这种采样格式的采样方法是:每采样 4 个连续的亮度 Y 样本值,采样 1 个色度信号 U 和 V 样本值。每次采样 6 个样本值,平均每个像素用 1.5 个样本表示。

(2)4:2:2 采样格式。这种采样格式的采样方法是:每采样 4 个连续的亮度 Y 样本值,采样 2 个色度信号 U 和 V 样本值。每次采样 8 个样本值,平均每个像素用 2 个样本表示。

(3)4:4:4 采样格式。这种采样格式的采样方法是:每次采样时,亮度 Y、色度信号 U 和 V 各采样 1 个样本值。每个像素用 3 个样本表示。这种采样不是子采样方式,主要用于 RGB 分量的采样。

三、MPEG 压缩文件简介

(一)MPEG 标准

目前使用的最主要的活动图像压缩标准是活动图像专家组(Moving Picture Experts Group,MPEG)标准。MPEG 是国际标准化组织(ISO)建立的一个专门从事有关活动图像压缩编码标准的组织。MPEG 委员会于 1988 年建立,并于 1992 年推出了有关标准化草案,即数字化电视标准 MPEG-1。随后又推出了指标更高的 MPEG-2。其后推出的 MPEG-3 被合并到了高清晰度电视(HDTV)工作组。作为多媒体应用标准的 MPEG-4 也于 1999 年推出。

MPEG 的工作不仅限于活动图像的编码,还涉及活动图像和声音一起压缩的问题。MPEG 标准阐明了声音和电视图像的编码和解码过程,严格规定了声音和图像数据编码后组成位数据流的句法,提供了解码器的测试方法等。但是 MPEG 没有对所有压缩编码的内容都做严格规定,尤其没有对压缩和解码的算法做硬性规定。这样既保证了解码器对符合 MPEG 标准的声音数据和电视图像数据进行正确解码,又给 MPEG 标准的具体实现留有很大的余地。各个研究者和开发商可以不断地改进编码和解码的算法,以提高声音和电视图像的质量和编码/解码的效率。MPEG-1 和 MPEG-2 的编码参数见表4-4。

表 4-4   MPEG-1 和 MPEG-2 的编码参数表

名　　称	MPEG-1	MPEG-2
标准化时间	1992 年	1994 年(DIS)
主要应用范围	CD-ROM 上的数字电视,VCD	数字 TV,DVD
空间分辨率	GIF 格式(1/4TV),360×288 像素	TV,720×576 像素
时间分辨率	(25～30)帧/s	(30～60)帧/s
位速率	1.5 Mb/s	15 Mb/s
质量	相当于 VHS	相当于 NTSC/PAL 标准
压缩率	20～30	30～40

(二)MPEG 的图像压缩技术

在设计活动图像压缩编码时,面临着一个两难的问题:一方面,使用帧内编码的方法可以很好地满足随机存取的要求;另一方面,用单一静止帧内编码的方法无法达到比较高的压缩比要求。为了能够同时满足随机存取和较高压缩比的要求,MPEG 同时使用了帧间编码和帧内编码两种技术。但是,在使用帧间编码和帧内编码、递归和非递归、时间冗余度减少技术时,必须有一个适当的平衡。

1. MPEG 视频压缩算法的基本技术

为了解决上述难题，MPEG 使用了两个帧间编码技术：预测技术和内插技术。MPEG 编码方法主要依赖两个技术：一个是基于运动补偿的减少时间冗余性的技术；另一个是基于离散余弦变换的减少空间冗余性的技术（ADCT）。运动补偿技术采用因果预测（纯预测）和非因果预测（内插编码）技术。

- 基于 16×16 像素块的运动补偿技术：此技术使用于因果预测器（纯预测编码）和非因果预测器（补编码），它可以减少图像帧序列的时间冗余度。
- 基于离散余弦变换域（DCT）的压缩技术：在 MPEG 中，DCT 不仅用于帧内压缩，也对帧间预测误差进行 DCT 变换，因此本技术可以减少空间冗余度。

MPEG 将帧速率为 30 帧/s 或 25 帧/s 的帧序列图像表示为 3 种图像格式类型。

在 MPEG 中，减少空间冗余度的技术与 JPEG 标准采用的方法基本相同。

- 进行 DCT 变换，计算变换系数。
- 对变换系数进行量化。
- 对变换系数进行编码。

2. MPEG 量化器设计影响因素

由于视频信号中不仅包含静止图像（帧内图像），还有运动信息（帧间预测图像），因此在设计量化器时要特别考虑以下两个影响因素：一方面，量化器要能通过游程编码使大部分数据得以压缩；另一方面，要求通过量化器从编码器输出一个与信道传输速率相匹配的位流。通常，在设计 MPEG 量化器时要考虑下列因素。

- 视觉加权量化。
- 帧内块和帧间块的量化。
- 能够自适应地调整量化的步长。

经过上述一系列帧内和帧间的压缩处理，一般空域将视频信号压缩到 0.5 位/像素～1位/像素，平均压缩速率为 1.2 Mb/s。

3. 关于 MPEG 压缩算法的说明

- MPEG 标准是一个通用标准，它的前提是对带宽为 1.5 Mb/s 的位流能够获得可以令人接受的图像质量。在 MPEG 标准中说明了应用压缩技术的约束条件和适用的压缩算法的设计。
- 视频压缩算法必须有与存储相适应的性质，就是必须能够随机访问、快进/快退检索、倒放、音像同步、有容错能力、延时控制在 150ms 以内、有可编辑性及灵活性的视窗格式等。实现这些特性对各种应用是非常重要的，因此也就提出了对 MPEG 视频压缩算法的要求。
- MPEG 标准对视频信号提出了约束条件，表 4-5 列出了约束参数。

表 4-5　MPEG 视频约束参数集中的参数

MPEG 视频约束参数	取值范围
水平尺寸/像素	≤720
垂直尺寸/像素	≤576
宏块总数/画面	≤396
宏块速率/(宏块数·s^{-1})	≤396×25＝330×30
帧速率/(帧·s^{-1})	≤30
位速率/(Mb·s^{-1})	≤1.86
解码缓冲器/位	≤376 832

四、视频编辑加工

要制作出满意的视频作品,一般需要进行多次剪辑加工,再配以合适的转场效果,最终才能合成精美的影音。会声会影是一款易学易用的视频和音频编辑软件,利用会声会影 X2 制作视频的操作步骤如下。

(1)将视频素材(FLV 文件)转换为 WMV 格式。

(2)安装并启动会声会影 X2,如图 4-1 所示,单击"会声会影编辑器"按钮,进入编辑器界面,如图 4-2 所示。

图 4-1　会声会影启动界面

图 4-2　编辑器界面

（3）插入视频素材。右击素材库的空白处，在弹出的快捷菜单中选择"插入视频"命令，在"打开视频文件"对话框中选择要插入的视频素材，单击"打开"按钮将其插入，如图4-3所示。

图 4-3　插入视频素材

（4）修剪视频素材。将素材库中的视频素材缩略图拖动到故事板视图，并利用导览面板右下角的"分割视频"按钮对视频素材进行修剪。

（5）添加转场效果。打开图4-2中所示的"效果"选项卡，出现图4-4所示的界面。在转场效果中分别选择"翻页""交叉淡化"，将其拖动到故事板视图视频片段的中间处。

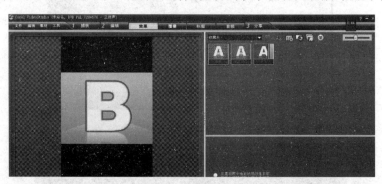

图 4-4　添加转场效果

（6）预览编辑的视频。在故事板视图中选择全部或部分视频片段，在导览面板中单击"播放"按钮预览所选择的素材。

（7）保存项目文件。选择"文件"→"保存"命令，在弹出的"另存为"对话框中将项目命名为"样本.vsp"并保存。

（8）输出视频文件。打开图4-4中所示的"分享"选项卡，出现如图4-5所示的界面，单击其中的"创建视频文件"按钮，在弹出的菜单中选择 DV→PAL DVD（4∶3，Dolby Digital 5.1）命令，在"创建视频文件"对话框中命名视频文件为"样本.mpg"，如图4-6所示，再单击"保存"按钮，等待系统完全渲染后即可生成视频文件。

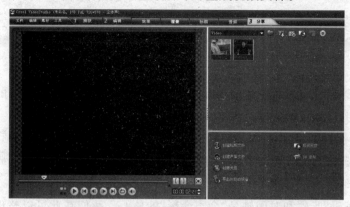

图 4-5　"分享"选项卡

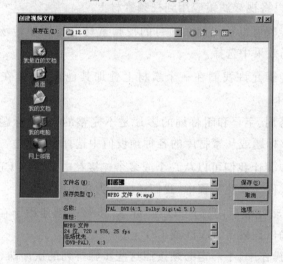

图 4-6　输出视频文件

任务总结

　　随着计算机技术的发展，视频制作设备不再是电视台所独有，多媒体制作技术也越来越被人们所熟悉，只要有一台 DV 摄像机、一台计算机，就可以把人们身边发生的故事记录下来。本任务运用会声会影软件简单编辑一段视频，同学们可尝试学习运用视频编辑软件进行特效制作、字幕制作等技术。

任务拓展

　　会声会影软件将影片创建的步骤简化为 7 个。单击"步骤面板"中的按钮，可以在不同的步骤之间切换。

　　捕获 在"会声会影"中打开项目后，在"捕获"步骤中可以直接将视频录制到计算机的硬盘上。来自磁带上的节目可以被捕获成单独的文件或自动分割成多个文件。此步骤允许捕获视频和静态图像。

　　编辑 "编辑"步骤和时间轴是"会声会影"的核心。我们在此可以整理、编辑和修整视频素材，还可以将视频滤镜应用到视频素材上。

　　效果 "效果"步骤可以让我们在项目的视频素材之间添加转场。我们可以从素材库中大量的转场效果中选择。

　　覆叠 "覆叠"步骤允许我们在一个素材上叠加其他素材，并在素材之间添加转场，创建画中画效果。

　　标题 没有开幕词、字幕和闭幕词的影片是不完整的。在"标题"步骤中，我们可以创建动态的文字标题或从素材库的各种预设值中选择。

　　音频 "音频"步骤让我们可以从一个或多个连接在电脑上的 CD-ROM 驱动器中选择和录制音乐文件。在此步骤中，我们还可以为视频配音。

　　分享 在影片编辑完成后，我们可以在"分享"步骤中创建用于在网络上分享的视频文件或将影片输出到磁带、DVD 或 CD 上。

　　提示：在实际操作中，不一定必须按照这些步骤排列的次序执行。

任务二　数字音频技术应用

任务导入

　　如今，各种声音制作与编辑软件越来越多，而且可视化的程度越来越高，操作也更为便捷，这使得对音频的后期处理不再局限于专业领域，通过这些软件可以实现声音的各种非线性后期编辑。

任务分析

本次任务是了解数字音频处理技术基本知识和利用会声会影软件进行简单的音频制作。首先了解声音的基本概念、音频数据的压缩与编码及音乐设备数字接口技术（MIDI 技术）；然后通过会声会影软件对任务一的视频文件进行音频编辑加工。

任务实施

一、声音的基本概念

（一）声音的本质

声音的本质是机械振动或气流扰动引起周围弹性物质发生波动。声音可以沿着弹性物质向外传播，因此在物理学上，声音又被称为声波或弹性波。引起声波的物体称为声源。声波所及的空间范围称为声场。

声音是一种常见的物理现象。因为没有什么物质是绝对的非弹性体，所以在人们生活的空间中几乎任何物质都是声音的传播者。一些弹性好的物质是声音良好的传播体，如金属、岩石、硬木、水等。而有些物质弹性很弱，就可以把它们看成声音的绝缘体，如各种植物纤维、泡沫塑料、人为的真空环境等。

既然声音是一种波，那么它就具有一般波动现象所具有的特性，如反射现象、绕射现象、折射现象和干涉现象。有时候把前 3 种现象统称为衍射现象。当衍射在时间上和方向上是无规则的时候，又称为散射现象。

简单的机械振动是简谐振动，在数学上可以用一个正弦函数来描述。对于单一频率的声音来说也是一个简谐振动，将其称为简谐声。

（二）人对声音强弱的感觉——声压级

人对声音的感受过程是：当人处于声场中时，人周围的空气也在声波的作用下产生振动。振动的气流作用于人的耳鼓膜，耳鼓膜将这种振动放大，再通过内耳道的空气将这种振动传播到人的内耳。人的内耳中有 3 块对振动极为敏感的小骨和长满听觉细胞的耳蜗，耳蜗连接着听觉神经末梢，这些听觉细胞通过听觉神经将声音信号传到人的大脑，使人感觉到外界的声音。

人对声音强弱的感觉，就是人们平时说的声音的大小。人对声音强弱的感觉与外界声音的强弱成正相关的关系，但是人对声音的感觉与声音的强度并不是成正比的，它们之间的关系是非线性的。通过实验发现，人对声音的感觉与对声音的强度值取对数后基本呈线性关系，所以通常将声强值取对数来表示声音的强弱。这种表示声音强弱的数值，称为声压级或声强级，单位是分贝，用 dB 表示。

人们日常生活中所听到的各种不同的声音的声压级与人的感受见表4-6。

表 4-6 不同的声音(声压级)与人的主观感受

人的主观感受	声压级/dB	声音种类
无法忍受	150	火箭、导弹发射
	140	喷气式飞机起飞
	130	螺旋桨飞机起飞
痛阈	120	球磨机工作
	110	电锯工作
很吵	100	很嘈杂的马路
	90	
较吵	80	大声说话
较静	60	一般说话
	50	图书馆阅览室
安静	40	
	30	理想的睡眠环境
极静	20	轻声耳语
	10	树叶落下的沙沙声
听阈	0	

(三)人对声音频率的感觉——音高和音阶

人们对声音频率的感觉,就是人们平时说的声音粗和细。人对声音频率的感觉在声学上称为音调的高低,在音乐中称为音高。声音的频率越高,人感觉到的声音就越细,即音调越高;反之,则越粗,即音调越低。

对于单频简谐声(即频率单一的正弦波)来说,人对声音频率的感觉也和声音频率的对数呈线性关系。为了分析方便和符合人的思维习惯,表示频率的坐标经常采用对数刻度。在音乐中,为了使音阶(音律)的排列听起来音高的变化是均匀的,在频率的对数刻度上按相等的间隔取得不同的音阶,如图4-7所示。

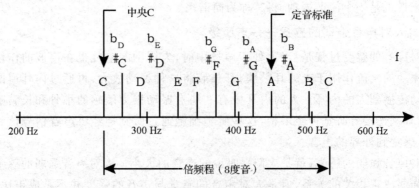

图 4-7 频率对数坐标上的等程音阶

图 4-7 是在一个倍频程(8 度音)的频率范围内按频率的对数刻度分成 12 个等分而得到的音阶,称之为 12 平均律。在这 12 个音阶中,相邻的两个音称为半音关系,间隔一

个音的两个音称为全音关系。在这 12 音阶中,有 7 个音被分别称为 C、D、E、F、G、A、B(即简谱中的 1、2、3、4、5、6、7),其余的 5 个音按照升半音(用符号 ♯ 表示)或降半音(用符号 b 表示)命名。

在一首乐曲中,同名音称为 1 度音,半音称为小 2 度音,全音称为大 2 度音。一个完整的倍频程称为纯 8 度音,简称为 8 度音。

需要加以说明的是,人的听觉是十分复杂的。上面所说的是人的听觉中音高感的规律。实际上,人的音高感不仅仅与声音的频率有关,与声音的声压级也有关系。

(四)人类听觉的频率响应

人耳对不同频率的声音所感觉到的强弱是不同的。人类对声音的频率有一个响应的范围,即人的听觉频率响应不是平直的。此外,当声压级不同时,人的频率响应也不同。

人类听觉频率响应的特点如下。

* 人类听觉的频率响应范围为 20 Hz~20 kHz。通常把高于 20 kHz 的声音称为超声波,把低于 20 Hz 的声音称为次声波。
* 声压级越高,人类听觉的频率响应范围越宽;声压级越低,人类听觉的频率响应范围越窄,而且主要损失在低频段。
* 不论声压级高低,人对频率在 3~5 kHz 的声音都非常敏感。

(五)几种声音的频率范围与带宽

1. 声音的频率范围

在现实生活中,人们听到的声音有各自的频率范围。通过电声技术对各种声音进行传输、放大和播放时,要尽可能地保持原始声音的质量,同时也要尽可能地降低设备的投入。频率范围是衡量声音质量的重要指标。人们常将声音质量分为 4 个等级,见表4-7。

表 4-7　声音质量的频率范围

声音质量	频率范围/Hz
电话	200~3 000
调幅无线电广播	50~7 000
调频无线电广播	20~15 000
数字激光唱盘	10~20 000

2. 带宽

带宽是无线电技术、通信工程和计算机网络技术中的术语,是指频率的覆盖范围。带宽表示一条通信线路(包括有线和无线)可以传输的载波频率范围。单一频率的信号称为分量信号,而由多种频率组成的信号称为复合信号。带宽等于复合信号的最高频率减去最低频率。音频信号的带宽是描述音频信号频率范围的技术指标。高保真声音的带宽大约为 20 kHz,而电话语音的带宽只有 3 kHz 左右。

二、音频数据的压缩与编码

(一)音频信号的冗余度

在各种多媒体元素数据中，音频的数据量仅比图像数据量小而居第二位，所以在存储音频数据时，人们希望能够尽量减少对存储空间的占用。但是为了保证音频的质量，又不能将采样频率和量化等级大幅度减少。任何数据或信号，如果存在冗余，就有可能将其压缩后存储以减小存储空间。人们通过对音频数据的分析，发现音频数据存在两种冗余度。

1. 频域冗余度

(1)非均匀长时功率谱密度。在较长的时间间隔内对音频信号进行平均统计，可以得到音频信号的功率谱密度函数。通过对该函数的分析，可以发现音频信号的功率谱是非常不平坦的，也就是说音频信号在给定的频段上非常不均匀。这说明音频信号存在着固有的冗余度。

(2)语音信号特有的短时功率谱密度。人类语音信号在短时功率谱上有着非常强烈的不均匀性，在某些频率上出现峰值，在另外一些频率上则出现低谷。出现峰值的频率称为共振峰频率。在给定的频段上会出现几个这样的共振峰频率。这些共振峰频率决定了不同的语音特征。由于共振峰频率的峰值随着频率的升高而递减，所以前两个共振峰频率谱决定了语音特征。这说明，可以对语音信号的高频部分进行适当的压缩。

2. 时域冗余度

(1)样本间相关。通过对音频信号的分析可以发现，在邻近的样本之间，音频信号存在着很大的相关性。有的时候相关系数甚至大于0.85，即使相隔10个样本，也有接近0.3的相关系数。采样频率越高，样本间的相关性越强。利用音频信号样本间的这种相关性，我们就可以对音频信号进行有效的压缩。

(2)幅度的非均匀分布。通过对语音信号的统计表明，低幅度的样本比高幅度的样本出现概率要高，同时语音信号中存在着大量的间隙，所以会有大量的低电平样本，因此语音信号的幅度分布是非均匀的。

(3)静止系数。静止系数主要是针对两个人之间打电话的语音信号进行分析得出的。一般而言，讲话的时间占通话总时间的一半，而且讲话时还有很多字、词、句之间的停顿。所以两个人打电话的有效时间大约为40%，静止系数为0.6。显然，静止系数也是一种冗余。

(4)周期之间的相关性。人类语音信号还有一个特点是，某一个人的声音只有少量的频率成分。当声音中只有少量的频率成分时，就会产生周期与周期之间的相关性。我们可以利用这种周期之间的相关性进行压缩编码。这种编码效果比较好，但是编码比较复杂。

(5)基音之间的相关性。人类语音主要可以分为两类：浊音（有声带的振动）和清音（无声带的振动）。其中浊音的出现带有一定的对应于音调间隔的长期重复波形。因此，在浊音部分可以只对一个音调间隔波形编码，然后以此作为整个基音段的模板。

(二)音频信号压缩编码的分类

通过上述对音频信号冗余度的分析,可以知道有很多对音频信号进行压缩编码的切入点。因此,音频信号压缩编码就可分为很多不同的类型。

1. 根据压缩编码对音频信号的质量是否有损失对音频信号压缩编码进行分类

(1)无损压缩。音频信号的压缩仅仅根据可完全恢复的冗余度进行。解压缩后可以完全恢复原始音频信号,声音质量不受任何损失的压缩技术,称为无损压缩。

(2)有损压缩。音频信号的压缩不仅仅根据可完全恢复的冗余度进行,还可以基于各种声学参数、相关性等进行压缩。解压缩后不能完全恢复原始音频信号,声音质量有一定损失的压缩技术,称为有损压缩。

2. 根据压缩编码的理论和方法的不同对音频信号压缩编码进行分类

(1)基于统计特性的压缩。通过对音频信号进行抽样统计分析,得出音频幅度的分布规律和相邻样本所具有的相关性,从而找出压缩算法。这种压缩技术的目标是在解压缩时能够重建语音波形,保持原始波形的形状。这种技术波形还原性好、保真性好,但是压缩率不太高。这种技术常用的算法有差分脉冲编码调制(Differential Pulse Code Modulation,DPCM)、自适应脉冲编码调制(Adaptive Pulse Code Modulation,APCM)、自适应差分脉冲编码调制(Adaptive Differential Pulse Code Modulation,ADPCM)。

(2)基于声学参数的压缩。通过对音频的参数,如共振峰、线性预测系数、滤波器组等的分析,对音频信号进行压缩编码。这种技术在解码时,可以基本保持原始的音频特性,但是不恢复原始波形。所以这种技术的压缩编码可以得到很高的压缩比,但是还原质量不高,自然度低。

(3)基于人类听觉特性的压缩。利用人类听觉系统的特点和人类听觉心理特点及掩蔽效应等进行压缩编码,可以得到很高的压缩效率。从技术角度上看,这种压缩编码技术在解压还原时,无论是频率特性还是波形失真都比较大,但是从人类的听觉角度上看,声音质量的改变并不大,可以得到较好的收听效果。目前常用的 MPEG 标准中的音频编码和 Dolby AC-3 就是利用了人类听觉特性的压缩编码。

将前两种压缩编码技术结合起来,扬长避短,可以收到较好的效果,即比较高的压缩比和比较好的解压还原效果,如码激励线性预测编码(Code-Excited Linear Preictive Codeing,CELPC)和多脉冲线性预测编码(Multi-Pulse Linear Predictive Codeing,MPLPC)都是采用了这种混合编码的方法。目前有很多种音频信号压缩编码方法在使用,它们都可以被归入上述的类型中,见表 4-8。

表 4-8　音频信号压缩编码方法分类

音频信号压缩编码分类	无损压缩	Huffman 编码		
		行程编码		
	有损压缩	波形编码	全频带编码	脉冲编码调制（PCM）
				差分脉冲编码调制（DPCM）
				自适应差分脉冲编码调制（ADPCM）
			子带编码	自适应变换编码（ATC）
				心理学模型编码
			矢量量化编码	
		参数编码	线性预测编码（LPC）	
		混合编码	矢量和激励线性预测编码（VSELP）	
			多脉冲线性预测编码（MPLPC）	
			码激励线性预测编码（CELPC）	

三、音乐设备数字接口技术

（一）MIDI 技术简介

人们在说到多媒体音频技术时总会提起音乐设备数字接口（Musical Instrument Digital Interface，MIDI）音频技术。这里所说的音乐设备一般指的是带有键盘的电子乐器。MIDI 是由音乐家制定的播放录制电子音乐的国际标准。MIDI 为各种电子乐器与各种计算机的连接建立了一个共同的软件和硬件标准。

20 世纪 60 年代，音乐家 Keith、Emerson 和 Rick Wakeman 等发明了电子乐器。到了 20 世纪 80 年代，电子乐器逐渐流行起来。电子乐器的种类也增加了很多，除了键盘乐器，还出现了电子打击乐器、音序器等新的电子乐器。电子乐器工业吸取了计算机工业的经验，建立了电子乐器接口标准，称为通用乐器接口（Universal Music Interface，UMI）。这个标准的目标是设计一种硬件接口和一种计算机语言，使任何公司生产的电子乐器之间都可以进行通信。随着计算机多媒体技术的发展，电子乐器工业认识到了电子乐器应该有和计算机进行通信的接口。1983 年，在 UMI 的基础之上制定了 MIDI 标准。

MIDI 标准的建立和推广给电子乐器的应用和计算机多媒体技术的进一步发展创造了条件。MIDI 接口和计算机音频卡的声音合成能力为音乐创作、存储、传输和播放都带来了极大的好处和方便。

- MIDI 文件节约存储空间。
- MIDI 信息便于编辑和修改。
- MIDI 有利于音乐的创造、合成和播放。

MIDI 并不仅仅是一个简单的接口标准,应该说它代表着计算机电子音乐子系统的构成。以 MIDI 为接口标准的计算机电子音乐子系统的配置如下。

- MIDI 键盘:MIDI 键盘用于演奏音乐。MIDI 键盘本身并不发声,当作曲者按下键盘时,MIDI 键盘产生的是 MIDI 音乐数据。通过 MIDI 接口,这些音乐数据被送到音序器生成 MIDI 文件,之后就可以在计算机上对这些数据进行加工、整理、编辑等后期制作。

- MIDI 接口:MIDI 接口是指传输 MIDI 信息的硬件设备。MIDI 接口采用的是串行数据传输方式。MIDI 接口的硬件连接使用的是圆形的 5 针 DIN 连接器。通常在电子乐器上装有 3 个 MIDI 接口连接器,它们分别是:数据发送连接器(MIDI Out),将本设备生成的 MIDI 数据发送给其他 MIDI 设备;数据接收连接器(MIDI In),接收来自其他 MIDI 设备的 MIDI 数据;数据转发器(MIDI Thru),将从 MIDI In 接收的数据转发给其他 MIDI 设备。

- 音序器:音序器的作用是记录、编辑、播放 MIDI 音频文件。早期的音序器是由硬件构成的,由于计算机技术的发展,目前音序器的任务大部分由软件完成。

- 合成器:MIDI 音频合成器的任务是解释 MIDI 文件的音乐信息(MIDI 音乐的指令与符号),并生成相应的声音波形数据,送至扬声器播放。合成器是计算机声卡的一个硬件单元,但是它与波形合成器不是同一个硬件单元。声卡上有两个合成器,分别合成 MIDI 音乐和波形数据。在电子乐器中也有 MIDI 合成器,所以电子乐器可以接收 MIDI 信息,并直接播放出该信息所表示的音乐。

(二)MIDI 音乐的合成方式

目前 MIDI 技术所采用的合成方式主要有调频(Frequency Modulation,FM)合成与波表(Wave Table,WT)合成两种方式。

1. 调频合成方式

数字音乐波形合成的理论基础是傅立叶级数。根据傅立叶级数的原理可以知道,任何一个波动信号都可以被分解为若干个以基频为主的频率递增、振幅不同的正弦波。MIDI 合成器解释接收到的 MIDI 音乐信息,利用傅立叶级数原理将其分解为若干个不同的正弦波参数,然后合成器利用硬件的正弦波生成能力,生成 MIDI 音乐信息中指定乐器的各个正弦波分量,最后将这些正弦波分量合成起来送至扬声器播放。由于调频方式合成的音乐是由合成器生成的各个正弦波分量组合而成的,因此调频合成的音乐带有一定的人工合成色彩。

2. 波表合成方式

波表合成原理是在 MIDI 合成器的 ROM 中预先存有各种实际乐器的声音样本。在进行音乐合成时,合成器以查表的方式调用这些样本,使其与 MIDI 音乐信息的要求完全相配,然后合成器将这些分段合成的样本送至扬声器播放。由于波表合成方式采用的是真实的声音样本,因此波表合成方式合成的音乐听起来比调频方式合成的音乐真实感更

强、音色更加自然。

波表合成又可以分成硬波表合成与软波表合成两种方式。硬波表合成的数字声音样本保存在 ROM 中;而软波表合成的数字声音样本保存在系统的 RAM 中,合成时不是使用查表的方式,而是靠 CPU 完成合成运算,最后音频的合成要依靠声卡上的波形合成器来完成。软波表合成器实际上是一些公司针对 MIDI 音乐开发的软件,其主要作用是借助高速 CPU 的运算能力,使音乐的合成可以由软件来完成。软波表合成可以使音乐的合成更加灵活,有时还可以进行人工干预。但是软波表合成的人工成分比硬波表合成大,速度也要慢一些,同时 CPU 的负担也更重一些。

(三)MIDI 消息与 MIDI 文件

MIDI 传送的信息不是声音波形本身,而是电子乐器操作指令和控制代码。当电子乐器键盘的某个键被按下,这个动作表示演奏者正在演奏这个音阶。该乐器会把这个动作立即转换为 MIDI 信息从 MIDI 连接器的 MIDI Out 接口传输给连接在该乐器上的计算机或其他电子乐器。当然,键盘乐器也可以从 MIDI 连接器的 MIDI In 接口接收类似的指令,然后将该指令送到音序器和合成器,最后由扬声器播放出 MIDI 信息指定的演奏效果。MIDI 文件存储的就是这样的操作指令和控制代码。通常把 MIDI 文件存储的内容称为 MIDI 消息。MIDI 的指令可以指定电子乐器的声道、音名、控制器、音量等;控制代码可以指定发声乐器、声音力度、音量、发声延续时间等。MIDI 文件的长度和音乐的长度没有直接关系,而和音乐的复杂程度有关,所以 MIDI 文件比数字波形文件要短小得多。例如,指定电子乐器用钢琴声音演奏 2 秒钟中央 C,将这一演奏命令编写成 MIDI 指令后只需 6 个字节。对于同样的演奏,如果用 44.1 kHz 采样频率、16 位量化等级的数字波形文件来存储数据的话,则需要 176.4K 字节。

MIDI 文件是由一系列 MIDI 指令组成的。一个 MIDI 指令通常由 3 个字节组成,其中第一个字节是指令状态字节,状态字节后面紧跟着两个数据字节。状态字节的最高有效级被设置为"1",低 4 位是通道信息,一共可以表示 16 个通道;其余 3 位表示消息的类型。MIDI 的消息类型如图 4-8 所示。

图 4-8　MIDI 的消息类型

四、音频编辑加工

视频作品一般还要有背景音效、片头字幕。通过会声会影 X2 可以为视频添加生动的背景音效和必要的字幕,操作步骤如下。

(1)打开会声会影 X2,新建项目并将"样本.mpg"插入素材库中。

(2)在素材库中拖动"样本.mpg"缩略图到时间轴视图的视频轨中,如图 4-9 所示。

图 4-9　将素材拖动至视频轨

(3)抹除原声。单击工具栏中的"音频视图"按钮,在预览窗口"属性"栏中设置素材音量为 0,如图 4-10 所示。

图 4-10　设置视频素材的音量

(4)插入标题文字。打开步骤面板的"标题"选项卡,在"编辑"栏中设置字体、字号、颜色和文字方向,双击预览窗口,输入文字"样本",这时在时间轴视图中会自动出现标题轨,拖动标题轨时间长度与视频轨保持同步。

(5)插入背景音乐。打开步骤面板的"音频"选项卡,在预览窗口中单击"加载音频"按钮,选择音频文件将其插入素材库中,在"音乐和声音"选项中调整素材音量,拖动音频素材的缩略图至时间轴视图中的音乐轨,拖动音乐轨的时间长度与视频轨保持同步。

(6)预览编辑后的视频素材。在时间轴视图中选择所有或部分轨(视频轨、音频轨、标题轨),在导览面板中单击"播放"按钮进行预览。

(7)保存项目文件。以"样本.vsp"为名保存项目。

(8)输出视频文件。输出视频文件"样本.mpg"。

任务总结

在多媒体软件的制作中,声音具有举足轻重的作用。本任务运用会声会影软件做了一些简单的音频编辑加工,引导同学们初步领略音频制作的魅力。然而,一个完整的音频主题作品设计并非如此简单,需要同学们投入精力与热情,这样它也会回馈给你美妙与神奇!

任务拓展

GoldWave 是一个功能强大的数字音乐编辑器,它可以对音频内容进行播放、录制、编辑及转换格式等处理。同学们可以在课余时间收集资料学习 GoldWave 的音频编辑。以下是 GoldWave 的工作界面。

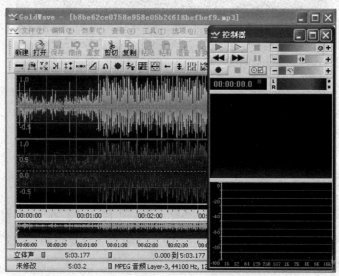

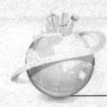

项目5　动画技术应用

情境导入

　　在多媒体中,对于过程的描述只依赖于文本信息或图形图像信息是不够的,为达到更好的描述效果,需要使用动画。动画与静态的图形、图像相比表达的信息更多,与视频信息相比占用的存储空间更少,对系统资源的要求相对较低。多媒体动画在多媒体应用中具有重要的作用。

学习目标

1.了解动画的基本概念和动画的常用文件格式。

2.熟悉场景、帧、时间轴、图层、面板等基本概念。

3.熟悉 Flash 软件界面与基本工具的作用。

能力目标

1.掌握 Flash 的文件操作。

2.能运用动画制作方法与技巧进行简单动画作品的创作。

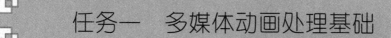

任务一　多媒体动画处理基础

随着网络技术、通信技术、多媒体技术的发展,动画逐渐从传统的电影、电视平台走向网络,成为网络商业广告、网络动漫、网络游戏等各类应用领域的宠儿,其在增强动态视觉效果和人机交互方面具有平面媒体无法比拟的优势。

任务分析

本次任务是了解动画的基本知识。首先熟悉动画的基本概念,然后了解计算机动画制作的主要步骤,最后介绍一些常见的动画文件格式,如 FLI、FLC、AVI、SWF 等。

任务实施

一、动画的基本概念

动画是活动的画面,实质是一幅幅静态图像的连续播放。动画的连续播放既指时间上的连续,也指图像内容上的连续。

动画是利用人的视觉暂留特性而产生的一门技术。人的眼睛在每秒 24 张画面以上的播放速度下,就无法辨别出每个单独的静态画面。动画就是通过快速地播放一系列的静态画面,让人在视觉上产生动态的效果。组成动画的每一个静态画面称为一"帧"(Frame),动画的播放速度通常称为"帧速率",以每秒钟播放的帧数表示,简记为 f/s。动画具有良好的表现力,在多媒体教学中合理地使用动画可极大地增强教学效果。

二、动画信息的数字化及处理

在多媒体项目中使用动画有两种方式可以选择,一种是用专门的动画制作软件生成独立的动画文件;另一种是利用多媒体创作工具中提供的动画功能,制作简单的对象动画。例如,可以使屏幕上的某一对象(可以是图像,也可以文字)沿着指定的轨迹移动,产生简单的动画效果。按照这种思路,动画可以概括为 3 种类型:基于帧的动画、基于角色的动画和基于对象的动画。

计算机动画是在传统手工动画的基础上发展起来的,它们的制作过程有很多相似之处。计算机动画制作的主要步骤如下。

(1)编写稿本。

(2)绘制关键帧(包括着色)。

(3)生成中间帧(利用动画软件自动生成)。

(4)生成动画文件。

(5)编辑(将若干动画文件合成)。

三、动画的文件存储

常见的动画格式有 FLI、FLC、AVI、SWF 等。

FLI 格式是 Autodesk 公司开发的属于较低分辨率的文件格式,具有固定的画面尺寸(320×200)及 256 色的颜色分辨率。由于画面尺寸约为全屏幕的 1/4,计算机可用 320×200 或 640×400 的分辨率播放。

FLC 格式是 Autodesk 公司开发的属于较高分辨率的文件格式。FLC 格式改进了 FLI 格式尺寸固定与颜色分辨率低的不足,是一种可使用各种画面尺寸及颜色分辨率的动画格式。FLC 格式可适应各种动画的需要。

AVI 格式严格地说并不是一种动画格式,而是一种视频格式。与前者不同的是,它不但包含画面信息,也包含声音。包含声音时会遇到声画同步的问题,因此这种动画格式以时间为播放单位,在播放时不能控制其播放速度。

Macromedia 公司的 Flash 动画是目前最流行的二维动画技术。用它制作的 SWF 动画文件,可嵌入 HTML 文件里,也可单独使用,或以 OLE 对象的方式出现在各种多媒体创作系统中。SWF 文件的存储量很小,但在几百至几千字节的动画文件中,却可以包含几十秒钟的动画和声音,使整个页面充满生机。Flash 动画还有一大特点:其中的文字、图像都能跟随鼠标的移动而变化,可制作出交互性较强的动画文件。

任务总结

本任务的完成使我们了解了计算机动画的基础知识和常见的动画文件格式,掌握了计算机动画的制作步骤,为下阶段的动画制作学习奠定了基础。

任务拓展

以下是常用的动画制作软件。

1.Flash

美国 Macromedia 公司开发的面向 Web 的平面动画制作软件。它制作的动画使用矢量格式,具有体积小、兼容性和互动性强等优点,被广泛应用于网页动画制作领域。

2.Director

一种基于时间线的多媒体集成开发工具,可以把视频、音频、文字、动画等多媒体素材集成在一起,制作出多媒体作品。该软件制作的动画作品一般适合于用光盘发布。

3.GIF Construction Set

用于创建和处理 GIF 格式文件的动画制作软件。该软件可将事先创作好的一些图片组织在一起,制作成 GIF 动画。

4.3D Studio Max

Autodesk 公司开发的基于 PC 平台的三维动画制作软件。该软件应用领域非常广阔,包括建筑、装潢设计、广告设计、三维游戏等。

5.Maya

主要应用于影视、影视广告设计、三维游戏等制作领域。许多优秀影片,如《侏罗纪公园》《星球大战》《精灵鼠小弟》等,在制作过程中都使用了 Maya。

任务二　动画制作软件 Flash

任务导入

Flash 是 Macromedia 公司与 Adobe 公司合并后推出的一款软件,被称为"最为灵活的前台",其独特的时间片段分割和重组技术,结合 ActionScript 的对象和流程控制,使灵活的界面设计和动画设计成为可能。Flash 的前身名为 Future Splash Animator,其创始人乔纳森·盖伊(Jonathan Gay)于 1996 年 11 月将该软件卖给 Macromedia 公司,同时更名为 Flash 1.0。

任务分析

本次任务是对动画制作软件 Flash 进行全面的认识并完成简单的动画制作。首先了解 Flash 动画的特点及 Flash 工作界面；然后了解 Flash 的文件操作，如新建文件、保存文件、打开和关闭文件；最后学习一些专业术语，如场景、帧、图层、库等，重点是帧和时间轴的功能与应用。

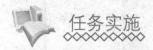

任务实施

一、Flash 动画的特点

Flash 动画的主要特点可以归纳为以下几点。

（1）文件数据量小。由于 Flash 作品中的对象一般为"矢量"图形，所以即使动画内容很丰富，其数据量也非常小。

（2）适用范围广。Flash 动画不仅可以制作 MTV、小游戏、网页制作、搞笑动画、情景剧和多媒体课件等，还可以将其制作成项目文件，用于多媒体光盘或展示。

（3）图像质量高。Flash 动画大多由矢量图形制作而成，可以无限制地放大而不影响其质量，因此图像的质量很高。

（4）交互性强。Flash 制作人员可以很容易地为动画添加交互效果，让用户直接参与，从而极大地提高用户的兴趣。

（5）边下载边播放。Flash 动画以"流"的形式进行播放，所以用户可以边下载边欣赏动画，而不必等待全部动画下载完毕后才能够播放。

（6）跨平台播放。制作好的 Flash 作品放置在网页上后，不论使用哪种操作系统或平台，访问者看到的内容和效果都是一样的，不会因为平台的不同而有所变化。

二、Flash 的界面

Flash 的工作界面非常友好，包括标题栏、菜单栏、主工具栏、工具箱、时间轴、舞台、属性面板及一些常用的浮动面板等，如图 5-1 所示。

（一）菜单栏

菜单栏位于标题栏的下方，包含 Flash 的大部分操作命令，主要有文件、编辑、视图、插入、修改、文本、命令、控制、调试、窗口和帮助，如图 5-2 所示。

"文件"菜单：管理动画的操作，常用的有新建、打开、保存、导入和导出等。

"编辑"菜单：动画的编辑操作，如复制、粘贴、剪切等。

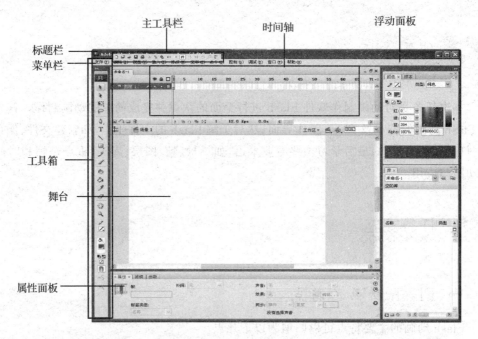

图 5-1　Flash 的工作界面

文件(F)　编辑(E)　视图(V)　插入(I)　修改(M)　文本(T)　命令(C)　控制(O)　调试(D)　窗口(W)　帮助(H)

图 5-2　菜单栏

"视图"菜单：主要控制动画的显示效果，如放大、缩小等。

"插入"菜单：向动画中插入元件、图层、帧与场景等。

"修改"菜单：对动画进行各项修改，包括变形、排列、对齐及对时间轴、元件、位图和文档的修改等。

"文本"菜单：对文本的属性进行编辑，包括字体、大小、样式和对齐方式等。

"命令"菜单：管理和运行通过"历史"面板保存的命令。

"控制"菜单：控制影片的播放。

"调试"菜单：调试影片。

"窗口"菜单：控制各种面板的显示和隐藏，包括浮动面板、时间轴和工具栏等。

"帮助"菜单：提供 Flash 的各种帮助信息。

(二)主工具栏

主工具栏一般位于菜单栏的下方，也可根据自己的喜好改变它的位置。主工具栏包含了一些常用命令的快捷按钮，如新建、打开、保存、复制、粘贴及打印等。各快捷按钮的功能如图 5-3 所示。

"新建"按钮：新建一个 Flash 文件。

"打开"按钮：打开一个已经存在的 Flash 文件。

"转到 Bridge"按钮：用于组织并浏览 Flash 和其他创新资源。

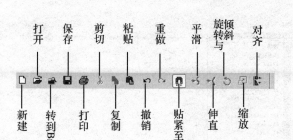

图 5-3　主工具栏

"保存"按钮：保存当前编辑的文件。

"打印"按钮：打印当前编辑的内容。

"剪切"按钮：将选定的内容剪切至系统剪贴板中，并删除原内容。

"复制"按钮：将选定的内容复制到系统剪贴板中，并保留原内容。

"粘贴"按钮：将系统剪贴板中的内容粘贴到当前选定的位置。

"撤销"按钮：撤销前面对对象的操作。

"重做"按钮：恢复被撤销的操作。

"贴紧至对象"按钮：使调整对象时准确定位，设置动画时路径自动吸附。

"平滑"按钮：使选中的曲线或图形更加平滑，多次单击具有累积效果。

"伸直"按钮：使选中的曲线或图形更加平直，多次单击具有累积效果。

"旋转与倾斜"按钮：可以使对象旋转和倾斜。

"缩放"按钮：改变舞台中对象的大小。

"对齐"按钮：调整舞台中多个选定对象的对齐方式和相对位置。

(三)浮动面板

Flash 以面板形式提供了大量的操作选项，通过一系列的面板可以编辑或修改动画对象。Flash 中有很多面板，在默认状态下，舞台正下方有 4 个比较常用的浮动面板，分别是"动作"面板、"属性"面板、"滤镜"面板和"参数"面板。可以将这些面板分离到工作窗口中，方法是单击面板名称部分后，直接将其拖动到舞台即可。

拖动面板可将面板独立出来，成为窗口显示模式。展开面板后，单击右上角的"关闭"按钮即可将面板关闭。如果想再次打开面板，选择"窗口"菜单中的相关命令即可。如果想回到默认时的面板布局状态，则可选择"窗口"→"工作区"→"默认"命令。

1."动作"面板

"动作"面板是最常用的面板之一，是动作脚本的编辑器，如图 5-4 所示。

图 5-4 "动作"面板

2."属性"面板、"滤镜"面板和"参数"面板

在 Flash 中,将"属性"面板、"滤镜"面板和"参数"面板放置在同一个面板中显示组成一个面板组,选择其相应的选项卡,即可切换到相应的面板,如图 5-5 所示。

图 5-5 "属性/滤镜/参数"面板组

(1)"属性"面板。可以很方便地查看场景或时间轴上当前选定项的常用属性,从而简化文档的创建过程。另外,还可以更改对象或文档的属性,而不必选择包含这些功能的菜单命令。

(2)"滤镜"面板。其中包括各种滤镜效果(如投影、模糊等),如果为文本、按钮和影片剪辑增添这些滤镜效果,则可以产生多种视觉效果,还可以启用、禁用或删除滤镜。

(3)"参数"面板。用于设置组件的参数(在 Flash 中,组件是带参数的影片剪辑,允许修改其外观和行为,专门由"组件"面板管理)。

3.常用的面板

除了上述面板,还有一些常用的面板,如"库"面板、"颜色"面板、"样本"面板、"对齐"面板等。

(1)"库"面板。选择"窗口"→"库"命令或按 Ctrl+L 组合键,即可打开"库"面板,如图 5-6 所示。在其中可以方便快捷地查找、组织及调用库中的资源,其显示了动画中数据项的许多信息。库中存储的元素称为元件,可以重复利用。

(2)"颜色"面板。选择"窗口"→"颜色"命令,即可打开"颜色"面板,如图 5-7 所示。通过"颜色"面板可以创建和编辑纯色及渐变填充,调制大量的颜色,还可以设置笔触色、填充色及透明度等。如果已经在舞台中选定对象,则在"颜色"面板中所做的颜色更改会直接应

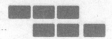

用到对象中。

（3）"样本"面板。选择"窗口"→"样本"命令，即可打开"样本"面板，可以快速选择要使用的颜色，如图 5-8 所示。

图 5-6　"库"面板　　　　　图 5-7　"颜色"面板　　　　　图 5-8　"样本"面板

（4）"对齐"面板。选择"窗口"→"对齐"命令或按 Ctrl＋K 组合键，即可打开"对齐"面板。该面板分为相对于舞台、对齐、分布、匹配大小和间隔 5 个选项区域，可以重新调整选定对象的对齐方式和分布，如图 5-9 所示。

（5）"变形"面板。选择"窗口"→"变形"命令或按 Ctrl＋T 组合键，即可打开"变形"面板，可以对选定对象执行缩放、旋转、倾斜和创建副本的操作，如图 5-10 所示。

（6）"组件"面板。选择"窗口"→"组件"命令或按 Ctrl＋F7 组合键，即可打开"组件"面板，如图 5-11 所示。将"组件"拖动到舞台上，即可创建该"组件"的一个实例。选择"组件"实例，可以在"组件"面板中查看"组件"属性和设置"组件"实例的参数。

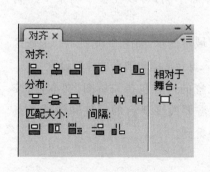

图 5-9　"对齐"面板　　　　　图 5-10　"变形"面板　　　　　图 5-11　"组件"面板

（四）其他面板

除了常用面板，Flash 还提供了一些其他面板（如辅助功能、场景、历史记录等）。一

个动画可以由多个场景组成,在"场景"面板中显示了当前动画的场景数量和播放顺序。当动画包含多个场景时,将按照其在"场景"面板中出现的先后顺序进行播放,动画中的"帧"是按"场景"顺序连续编号的。

1."场景"面板

选择"窗口"→"其他面板"→"场景"命令,即可打开"场景"面板,如图 5-12 所示。

单击面板下面的 3 个按钮可执行复制、添加和删除场景等操作;双击场景名称可以对被选中的场景重命名;上下拖动被选中的场景,可以调整场景的先后顺序。

2."历史记录"面板

选择"窗口"→"其他面板"→"历史记录"命令,即可打开"历史记录"面板,如图 5-13 所示。其中记录了自创建或打开某个文档之后,在该活动文档中执行的步骤列表,列表中数目最多为指定的最大步骤数。该面板不显示在其他文档中执行的步骤,其中的滑块最初指向当前执行的上一个步骤。

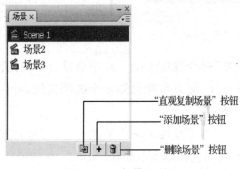

图 5-12 "场景"面板

图 5-13 "历史记录"面板

(五)舞台和工作区

舞台是图形的绘制和编辑区域,是用户在创作时观看自己作品的场所,也是用户对动画中的对象进行编辑、修改的场所。舞台位于工作界面中间,可以在整个场景中绘制或编辑图形,最终动画仅在舞台区域显示。

舞台之外的灰色区域称为工作区,在动画播放时此区域不显示,如图 5-14 所示。工作区通常用作动画的开始和结束点设置,即动画过程中对象进入舞台和退出舞台的位置设置。

舞台是进行创作的重要工作区域,在舞台中可以放置的内容包括矢量图、文本框、按钮、导入的位图图形或视频剪辑等。工作时,可以根据需要改变舞台的属性和形式。工作区中的对象除非进入舞台,否则不会在影片的播放中看到。

三、Flash 的文件操作

在 Flash 中,所有动画都是在文档窗口中完成的。Flash 对文档的操作与其他软件类似,具体包括文档的新建、保存和打开等。用户在 Flash 编辑环境中还可以使用网格、标尺和辅助线对对象进行精确的勾画和安排。

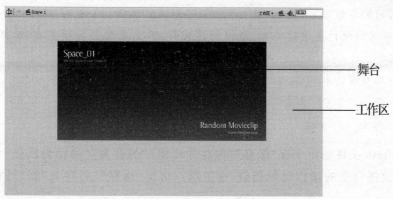

舞台

工作区

图 5-14　舞台和工作区

(一)新建 Flash 文件

新建 Flash 文件的操作步骤如下。

启动 Flash 后,Flash 会打开如图 5-15 所示的起始页。

图 5-15　Flash 的起始页

选择"新建"选项区域中的"Flash 文件(ActionScript 3.0)"选项,可以创建扩展名为.fla的新文件。新建文件自动采用 Flash 的默认文件属性。

还可以选择"文件"→"新建"命令,打开"新建文件"对话框。在"新建文件"对话框中选择"Flash 文件(ActionScript 3.0)"选项完成新建文件。

提示:Flash 文件(ActionScript 3.0)和 Flash 文件(ActionScript 2.0)中的"ActionScript 3.0"和"ActionScript 2.0"是在使用 Flash 文件编程时所采用的脚本语言的版本。Flash 默认采用 ActionScript 3.0 版本的语言。ActionScript 2.0 版是 Flash 8

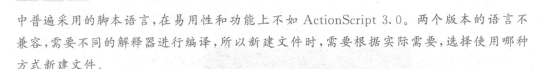

中普遍采用的脚本语言,在易用性和功能上不如 ActionScript 3.0。两个版本的语言不兼容,需要不同的解释器进行编译,所以新建文件时,需要根据实际需要,选择使用哪种方式新建文件。

在制作不含有脚本的 Flash 动画时,使用"Flash 文件(ActionScript 3.0)"和"Flash 文件(ActionScript 2.0)"方式新建的文件没有区别。

(二)保存 Flash 文件

保存 Flash 文件的命令有"保存""保存并压缩""另存为""另存为模板"和"全部保存"。由于这些命令的操作比较相似,这里重点讲解"保存""另存为"和"另存为模板"命令。

1."保存"命令

保存文件操作如下。

(1)选择"文件"→"保存"命令。如果是第一次执行保存命令,会弹出如图 5-16 所示的"另存为"对话框。

图 5-16 "另存为"对话框

提示:当再次选择"保存"命令时,会以第一次保存文件所设定格式自动覆盖存储内容。

(2)在"另存为"对话框中,可以设定文件的保存路径、名称和格式。

(3)单击"保存"按钮完成保存。

"另存为"对话框中各选项的含义如下。

(1)保存在。可以设定当前文件存储位置。单击"保存在"下拉列表框右侧的下拉按钮,可在弹出的路径中查找文件的存储位置。

单击"另存为"对话框中左侧的按钮,如"桌面""我的文档"等,可以快速转向这些目标文件夹。

单击"另存为"对话框中右上方的"向上"按钮,可以移至上一级目录;单击"新建文件夹"按钮可以新建文件夹;单击"'查看'菜单"按钮,可以在弹出的下拉菜单中选

择当前文件夹中的文件排序方式。

（2）文件名。在"文件名"下拉列表框中可以输入当前文件的名称。将鼠标指针移至"文件名"下拉列表框内单击，出现闪烁光标后输入文件名称。

（3）保存类型。设定文件的保存类型。单击"保存类型"下拉列表右侧的下拉按钮，在弹出的下拉列表中选择目标文件类型。

保存类型包括"Flash 文档"和"Flash 8 文档"两种格式。保留"Flash 8 文档"格式是为了能与上一版本保持良好的兼容性。由于 Flash 采用的一些新技术无法被 Flash 8 支持，因此这里保留了"Flash 8 文档"格式。

2."另存为"命令

当文件需要以新的路径或格式保存时，可以使用"另存为"命令，操作步骤如下。

（1）选择"文件"→"另存为"命令，打开"另存为"对话框。

（2）在"另存为"对话框中设定文件的名称、格式、路径等，与使用"保存"命令的操作一样。

（3）单击"保存"按钮，文件将保存在新的路径中。

3."另存为模板"命令

当需要将文件当作样本多次使用时，可使用模板形式保存。例如，制作一个按钮，需在不同功能的按钮上使用不同的说明文字，这时可先制作一个没有文字的按钮，再将其存为模板。

"另存为模板"的操作如下。

（1）选择"文件"→"另存为模板"命令，打开如图 5-17 所示的"另存为模板"对话框。

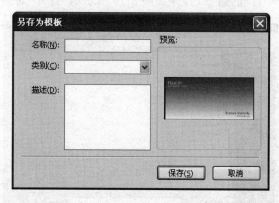

图 5-17　"另存为模板"对话框

（2）在"名称"文本框中输入模板名称，并在"类别"下拉列表框中输入或选择类别。在"描述"文本框中输入模板说明（最多 255 个字符），当在"从模板新建"对话框中选择该模板时，该说明就会显示出来。

（3）单击"保存"按钮，将当前文件保存为模板。

使用创建的模板新建文件的操作方法如下。

（1）启动 Flash，在如图 5-15 所示的"从模板创建"选项区域中选择目标模板选项。打开"从模板新建"对话框。

(2)在如图 5-18 所示的"从模板新建"对话框中,选择刚才保存的"广告"模板。

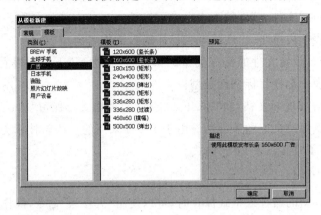

图 5-18 "从模板新建"对话框

(3)单击"确定"按钮,完成文件建立。

提示:在如图 5-18 所示的对话框中,左边"类别"列表框中为 Flash 自带的各类模板,如手机、测验等,可根据需要进行选择。

(三)打开和关闭 Flash 文件

1. 打开文件

打开文件的操作方法如下。

(1)选择"文件"→"打开"命令,打开如图 5-19 所示的"打开"对话框。

图 5-19 "打开"对话框

(2)在对话框中选择目标文件。

(3)单击"打开"按钮,打开 Flash 文件。

2. 关闭文件

关闭文件的操作方法如下。

(1)单击"时间轴面板"右上角的"关闭"按钮即可关闭当前文件,或选择"文件"→"关闭"命令,关闭当前文件。

　　(2)若当前文件改动后没有被保存过,会弹出一个保存提示对话框,如图 5-20 所示。

图 5-20　保存提示对话框

　　(3)单击"是"按钮,保存并关闭文件。

　　提示:单击"否"按钮,不保存并关闭文件;单击"取消"按钮,回到编辑界面中。

四、Flash 制作的一般知识

　　在 Flash 动画的制作过程中,会涉及很多术语,主要有场景、帧、图层、库等。这些术语与 Flash 动画的运行原理紧密相关,因此初学者需要透彻理解。

(一)场景

　　场景的概念十分简单,它就是一段相对独立的动画,相当于一部舞台剧中的一幕。不同的幕组合在一起就成了一部舞台剧,那么不同的场景按先后顺序排列在一起就组合成了一个动画。每一个场景都有各自独立的图层和帧,如图 5-21 所示。

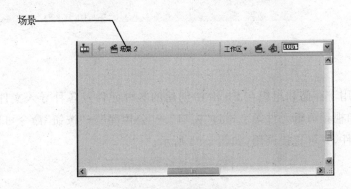

图 5-21　场景

(二)帧

　　Flash 动画的运行原理与电影胶片放映的原理相似,按照时间顺序播放帧的过程就是动画产生的过程。因而帧是构成 Flash 动画的基本单位,相当于电影胶片里的影格。制作 Flash 动画与拍电影一样,首先要制作有连续动作的图像,然后按时间顺序逐帧显示出来。由于视觉延续的原因,就成了富有意义的动画。Flash 的帧有两种格式,一种是关键帧,一种是普通帧。关键帧就是用来定义动画变化的帧,在时间轴中有内容的关键帧显示为实心圆,无内容的关键帧则用空心圆表示。普通帧在时间轴上显示为一个个的单元格。无内容的普通帧是空的单元格,有内容的普通帧显示出一定的颜色。关键帧与普通帧如图 5-22 所示。

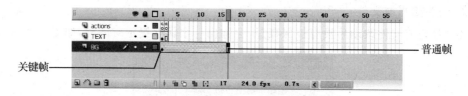

图 5-22　关键帧与普通帧

(三)图层

Flash 中的图层用于制作复杂的动画。图层的作用就如同许多相互叠加在一起的透明的纸,如果一个图层上没有内容,就可以透过它看到下一个图层的内容。用户可以在不影响其他图层内容的情况下在一个图层上绘制并编辑元件,还可以利用特殊的引导层、遮罩层创建更加丰富的动画。

新建 Flash 影片后,系统会自动生成一个图层并将其命名为"图层 1"。用户可以增加多个图层,利用图层来组织影片中的元件,也可以改变图层的排列顺序和图层的名称,如图 5-23 所示。

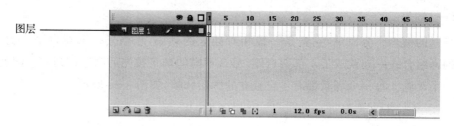

图 5-23　图层

(四)库

"库"面板用于存储和组织在 Flash 中创建的各种元件及各种导入文件,包括位图图形、声音文件和视频剪辑元件等。通过"窗口"→"公用库"→"按钮"命令可以打开公用库中编辑好的元件,并可直接调用,如图 5-24 所示。

图 5-24　公用库中的各种按钮

可见,用户可通过"库"面板方便地调用库中的各种元件。

五、帧的功能与应用

(一)帧的概念

影片是由一幅幅画面连续播放形成的,影片中的单幅画面被称为帧,即画面,如图 5-25 所示。影片的播放速度以帧/秒为单位,即每秒播放帧的数量。一般电视播放影片的速度为 24 帧/秒,即每秒播放 24 幅画面。

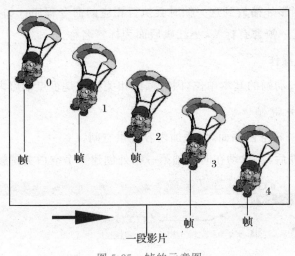

图 5-25　帧的示意图

(二)帧的分类

帧的类型有帧(变通帧)、关键帧、空白关键帧。"时间轴"面板中不同种类的帧的显示状态如图 5-26 所示。

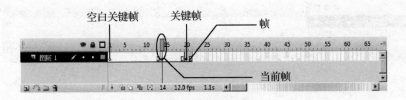

图 5-26　帧的分类

(1)空白关键帧。在时间轴上用空心点表示,表示当前帧为空白画面。

(2)关键帧。在时间轴上用黑色实心点表示,说明当前帧的画面有内容。

(3)帧。在时间轴上没有任何显示,说明当前位置没有画面。

在关键帧后面建立帧,可以延续显示前一关键帧的内容。例如,需要显示目标关键帧的内容为 25 帧长度,那么在该帧后面的 25 帧处插入一个帧,即可连续显示该帧内容到该处。

(三)帧的显示状态

在 Flash 中,通过帧在时间轴上的显示情况,可以判断动画的类型及动画中存在的问题。

补间动画分为动画补间和形状补间,在时间轴上显示为通过黑色箭头连接的两个关键帧。动画补间在时间轴上以蓝色背景显示,形状补间在时间轴上以绿色背景显示。创建补间动画时,虚线代表两个关键帧之间无法创建补间动画。

如果在空白关键帧或关键帧上有一个小写字母"a",就表示这一帧中含有命令程序(即动作 Action),当影片播放到这一帧时会执行相应的命令程序。如果在关键帧上有一个小红旗,就表示这一帧含有标签,小红旗后面为标签名称。

(四)帧的相关操作

帧是构成 Flash 动画的基本单位,因此帧的相关操作是重点学习内容。

1. 创建空白关键帧

空白关键帧是一幅空白画面,为添加内容提供空间。

新建 Flash 文件后,会自动在时间轴第一帧处创建一个空白关键帧,如图 5-27 所示。

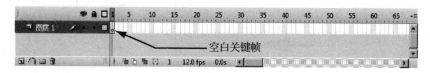

图 5-27　自动创建一个空白关键帧

创建空白关键帧的操作步骤如下。

(1)移动鼠标指针到时间轴上需要建立空白关键帧的位置,如图 5-28 所示,然后单击鼠标。

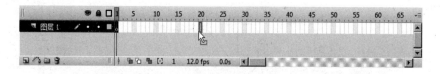

图 5-28　创建空白关键帧

(2)按 F7 键插入空白关键帧,结果如图 5-29 所示。

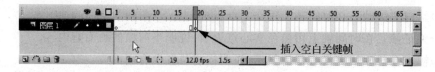

图 5-29　插入空白关键帧

提示:可以选择"插入"→"时间轴"→"空白关键帧"命令,插入空白关键帧。还可以将鼠标指针移至时间轴上需要插入空白关键帧的位置,右击,在弹出的快捷菜单中选择"插入空白关键帧"命令。

2. 创建关键帧

创建关键帧是制作动画的基本操作,单位时间内的关键帧越多,动画效果越细腻。创建关键帧的操作步骤如下。

(1)选择"文件"→"新建"命令,新建一个文件。

(2)在第一个空白关键帧所在舞台区中添加一些内容(如使用绘画工具画出一些形状),空白关键帧就会自动转换成关键帧。空白关键帧转换的关键帧如图 5-30 所示。

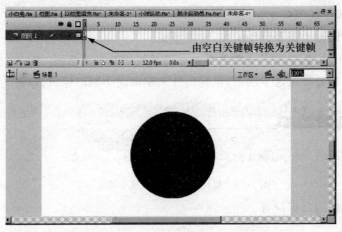

图 5-30　由空白关键帧转换的关键帧

同样,在"时间轴"面板的其他位置创建空白关键帧,并在其中添加内容也可建立关键帧。

提示:单击时间轴中需要创建关键帧的位置,然后选择"插入"→"时间轴"→"关键帧"命令,可以创建关键帧。

在时间轴上需要创建关键帧的位置右击,在弹出的快捷菜单中选择"插入关键帧"命令,可以创建关键帧。

单击时间轴上需要创建关键帧的位置,按 F7 键也可创建关键帧。

只有在上一帧为关键帧时,使用"插入关键帧"命令插入的才是关键帧,否则插入的是空白关键帧。插入关键帧实质上是对上一关键帧内容的复制。

3. 创建帧(普通帧)

制作 Flash 动画时,若在一段时间内需要保持某个关键帧内容不变,可以使用帧。创建帧的操作步骤如下。

(1)单击时间轴面板上需要该帧画面结束的位置。

(2)选择"插入"→"时间轴"→"帧"命令(或按 F5 键)插入帧,结果如图 5-31 所示。

提示:如果连续地插入关键帧到该画面结束位置,也可以保持该时间段中关键帧的内容不变。但连续相同内容的关键帧只会无谓地增加 Flash 文件的体积,而使用帧来完成这一过程,可以有效地减少 Flash 文件的最终体积。

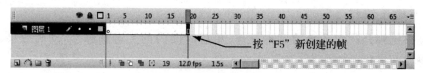

图 5-31　新创建的帧

4. 移动帧

在使用 Flash 制作动画的过程中,经常需要将一个帧或者一组帧移动到其他位置。移动帧的操作步骤如下。

(1)单击时间轴上需要移动的帧,选中该帧。

注:按住 Shift 键,分别单击需要移动的连续帧的首末端两帧,可以选择一组帧。

(2)将鼠标指针移至选中的帧,鼠标指针末端出现小矩形标识,如图 5-32 所示。

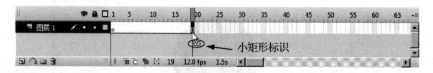

图 5-32　鼠标指针末端出现小矩形标识

(3)拖动该帧到目标位置。

5. 删除帧

在使用 Flash 制作动画的过程中,经常需要删除帧。删除帧的操作步骤如下。

(1)选择时间轴中需要删除的帧。

(2)在选中的帧上右击,然后在弹出的快捷菜单中选择"删除帧"命令,即可删除该帧。

6. 翻转帧与洋葱皮工具

翻转帧工具可以将已选中帧的播放顺序颠倒,即将选中的一组连续关键帧进行逆序排列,也就是把关键帧的顺序按照与原来相反的方向重新排列一遍。翻转帧只能作用于连续的关键帧序列,对单个帧或者非关键帧不起作用。

在 Flash 主窗口中,需要将选中的关键帧进行翻转时,可先在时间轴上选中要翻转的帧并右击,然后在弹出的快捷菜单中选择"翻转帧"命令,即可将选中帧的播放顺序颠倒。

洋葱皮技术也被称为设置动画的绘图纸外观。简单地说,就是将动画变化的前后几帧同时显示出来,从而能更容易地查看对象的变化效果。

在 Flash 工作区中通常只能看到一帧的画面,但如果使用洋葱皮工具,就可以同时显示或编辑多个帧的内容,便于对整个动画中的对象的定位和安排。

在 Flash 中,洋葱皮工具分为绘图纸外观、绘图纸外观轮廓、编辑多个帧和修改绘图纸标记 4 种,如图 5-33 所示。洋葱皮的主要作用是显示动画的每一步变化,使用洋葱皮工具并不能直接修改动画中的对象。

使用洋葱皮工具的具体操作步骤如下。

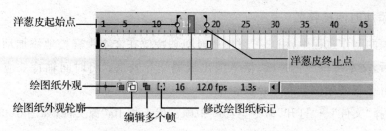

图 5-33　洋葱皮工具

（1）在 Flash 主窗口中单击"绘图纸外观"按钮的起始点和终止点，位于洋葱皮之间的帧在工作区中就会由深至浅显示出来，且当前帧的颜色最深。

（2）单击"绘图纸外观轮廓"按钮和单击"绘图纸外观"按钮的作用类似，区别在于单击"绘图纸外观轮廓"按钮只显示对象的轮廓线。

（3）单击"编辑多个帧"按钮，可对位于洋葱皮区域中的关键帧进行编辑，如改变对象的大小、颜色和位置等。

（4）单击"修改绘图纸标记"按钮，在弹出的下拉菜单中选择其中对应的选项，即可修改当前洋葱皮的标记。

六、时间轴的功能与应用

Flash 动画的最终播放效果是由时间轴来控制的。在"时间轴"面板中，用户可以对图层和帧进行添加和删除等操作，以控制图层和播放帧的位置、属性等。

（一）时间轴和时间轴面板

Flash 通过时间轴面板来设置帧（即每幅画面）的播放顺序和占用时间。"时间轴"面板如图 5-34 所示。"时间轴"面板中左侧对应图层操作，右侧对应时间轴。"时间轴"面板的图层可以用来安排帧的空间顺序，时间轴可以用来安排帧的播放顺序。

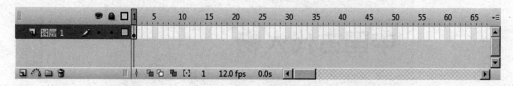

图 5-34　时间轴

（二）时间轴特效

在对舞台中的对象添加时间轴特效时，Flash 会新建一个图层，然后把对象传送到新建的图层中。该对象被放置在新建的图层中，特效所需要的所有过渡和变形也都被存在新建图层的图形中。新建图层的名称与特效名称相同，后面带有编号，表示在文档内所有的特效中应用此特效的顺序。添加时间轴特效时，"库"面板中会增加一个以特效名称命名的文件夹，内含创建该特效所使用的元素。

（三）添加时间轴特效

在动画的制作过程中，用户可以使用时间轴特效在文本中轻松地添加动画。添加时间轴特效后，文本可以产生弹跳、淡入淡出或爆炸等效果。将时间轴特效应用于影片剪辑时，Flash会将特效嵌套在影片剪辑中。

（1）选择"文件"→"打开"命令，打开"中国古代人物.fla"源文件，如图5-35所示。

图5-35　打开源文件

（2）选择工具箱中的"文本工具"，在"属性"面板中设置"字体"为"方正粗圆"，"字体大小"为"48"，然后在舞台中输入文本"中国古代人物"，如图5-36所示。

图5-36　输入文本

（3）选中文本，然后选择"插入"→"时间轴特效"→"效果"→"分离"命令，或者在选中的文本上右击，在弹出的快捷键菜单中选择"时间轴特效"→"效果"→"分离"命令，弹出"分离"对话框，此时预览区域中会显示默认的对文本应用"分离"特效后的效果，如图5-37所示。

(4)在"分离"对话框中设置"效果持续时间"为"50","碎片旋转量"为"100";然后单击"确定"按钮。此时 Flash 就会自动在时间轴中添加创建特效所需要的帧,并在"库"面板中显示该文件夹,如图 5-38 所示。

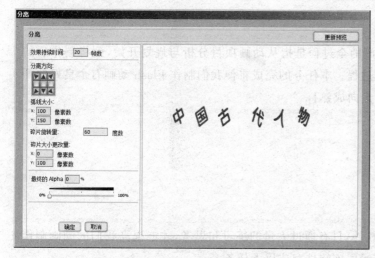

图 5-37 应用"分离"时间轴特效 　　　　　　　　　　图 5-38 添加时间轴特效

(5)按 Ctrl＋Enter 组合键,预览影片效果,如图 5-39 所示。

图 5-39 最终效果

 **任务总结**

制作 Flash 主题动画的全过程是指从动画项目分析与规划开始,到将制作后的作品上传到网络的整个过程。本任务的完成将使我们制作 Flash 动画有个良好的开端,从这里开始,一步步走向成熟!

 **任务拓展**

Flash 是一款工具软件,只有通过大量的练习和思考,才能提高我们的动画制作水平。同学们可以试着运用该软件完成以下任务。

(1)使用工具面板中的工具绘制一张笑脸。

(2)制作一颗会跳动的心。

项目6 Authorware

情境导入

　　Authorware 是美国 Macromedia 公司开发的一款面向对象的、基于设计图标和流程线的多媒体制作软件,其不但极大地提高了多媒体系统开发的质量与速度,而且使非专业程序开发人员进行多媒体系统开发成为现实。

学习目标

　　1.熟悉 Authorware 的操作界面,如菜单栏、常用工具栏、图标工具面板、程序设计窗口、演示窗口等。

　　2.深入了解 Authorware 的一些基本知识。

　　3.掌握 Authorware 的 14 个功能设计图标。

　　4.掌握 Authorware 交互图标的交互类型。

能力目标

　　1.能运用 Authorware 创建文本和图形图像。

　　2.掌握 Authorware 人机交互设计功能。

　　3.能对程序进行打包发布。

任务一　Authorware 基本知识

任务导入

Authorware 有多个版本,目前最常用的是 7.0 版。由于 Macromedia 公司始终没有发布官方的中文版,为方便使用,一些公司和个人对 Authorware 进行了汉化,这就是人们目前常用的 Authorware 中文版。

任务分析

本次任务是熟悉 Authorware 的基础知识。首先了解 Authorware 的操作界面,主要包括菜单栏、常用工具栏、图标工具面板、程序设计窗口、演示窗口等;然后了解 Authorware 的其他知识要点,如外部文件的分类、程序的显示、外部扩展函数、程序调试控制面板等。

任务实施

一、Authorware 的操作界面

同许多 Windows 程序一样,Authorware 7.0 中文版的安装很简单。先安装原版 Authorware,然后用汉化包对其进行汉化。系统安装完成后,在 Windows 系统的程序菜单中会出现 Macromedia 程序组,单击程序组中的 Macromedia Authorware7.0 中文版快捷方式就可以进入软件的用户设计界面。Authorware 具有良好的用户界面,文件的打开、保存和退出这些基本操作都和其他 Windows 程序类似,用户设计界面如图 6-1 所示。

Authorware 用户设计界面主要包括菜单栏、常用工具栏、图标工具面板、程序设计窗口、演示窗口等,按照需要可以调整操作界面的位置和大小。

（一）菜单栏

"文件"菜单:主要提供基本文件操作、素材引入导出、保存及打包、发布、打印等功能。

"编辑"菜单:主要提供对流程线上的图标或画面上的对象进行剪切、复制、查找等常用编辑功能。

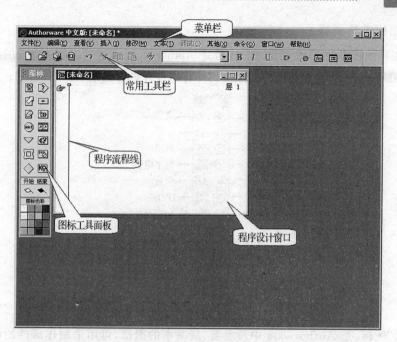

图 6-1 Authorware 用户设计界面

"查看"菜单：用于设置操作界面和编辑网格的显示等。

"插入"菜单：用于在流程线或演示窗口中引入媒体素材或其他对象。

"修改"菜单：用于修改图标及其内容和文件的属性，建组及改变前景和后景的设置等。

"文本"菜单：提供丰富的文字处理功能，用于设定文字的字体、大小、颜色、风格等。

"调试"菜单：用于调试程序，对程序运行进行控制。

"其他"菜单：提供了库的链接及拼写检查、声音转换等命令。

"命令"菜单：提供很多增强 Authorware 功能的外挂程序和插件。

"窗口"菜单：用于打开展示窗口、库窗口、计算窗口、变量窗口、函数窗口及知识对象窗口等。

"帮助"菜单：提供详细的随机帮助信息和在线帮助内容，包括一些具有典型意义的范例程序。

(二)常用工具栏

常用工具栏是 Authorware 窗口的组成部分，如图 6-2 所示，每个按钮实质上是菜单栏中的某一个命令，由于使用频率较高，被放在常用工具栏中，直接单击就可以实现想要的操作。

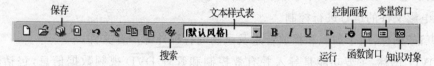

图 6-2 Authorware 常用工具栏

（三）图标工具面板

图标工具面板中的 14 个功能设计图标是 Authorware7.0 进行多媒体开发的核心工具，同时是 Authorware7.0 可视化面向对象多媒体程序设计思想的集中体现，如图 6-3 所示。

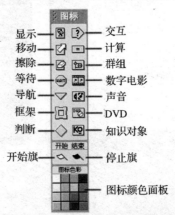

图 6-3　Authorware 图标工具面板

"显示"图标：是 Authorware 中最重要、最基本的图标，可用来制作课件的静态画面、文字，可用来显示变量、函数值的即时变化。

"移动"图标：与显示图标相配合，可制作出简单的二维动画效果。

"擦除"图标：用于清除显示画面、对象。

"等待"图标：可用来暂停程序的运行，直到用户按键、单击或者经过一段时间的等待之后，程序再继续运行。

"导航"图标：可用来控制程序从一个图标跳转到另一个图标去执行，常与框架图标配合使用。

"框架"图标：用于建立页面系统、超文本和超媒体。

"判断"图标：用于控制程序流程的走向，完成程序的条件设置、判断处理和循环操作等功能。

"交互"图标：用于设置交互作用的结构，以达到实现人机交互的目的。

"计算"图标：用于计算函数、变量和表达式的值及编写 Authorware 的命令程序，以辅助程序的运行。

"群组"图标：是一个特殊的逻辑功能图标，其作用是将一部分程序图标组合起来，实现模块化子程序的设计。

"数字电影"图标：用于导入数字化电影文件到 Authorware 7.0 程序中，并对导入的数字化电影文件的运行进行控制。

"声音"图标：用于加载和播放音乐及录制的各种外部声音文件。

"DVD"图标：主要功能是导入并有效控制和管理 DVD 视频数据信息，包括静态图像、动态图像、声音等数据文件。

"知识对象"图标：主要功能是使用 Authorware 7.0 的知识对象模块资源。

"开始旗"：用于设置调试程序的开始位置。

"停止旗"：用于设置调试程序的结束位置。

"图标颜色面板"：用于给设计中使用的图标赋予不同颜色，以利于识别（不影响程序的运行）。

（四）程序设计窗口

程序设计窗口是 Authorware 的设计中心，Authorware 具有的对流程可视化编程功能，主要体现在程序设计窗口的风格上。程序设计窗口如图 6-4 所示，其组成如下。

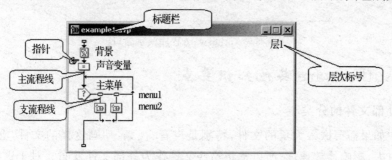

图 6-4　Authorware 程序设计窗口

"标题栏"：用于显示被编辑程序的文件名。

"主流程线"：是一条被两个小矩形框封闭的直线，用来放置设计图标，程序执行时，沿主流程线依次执行各个设计图标。程序开始点和结束点的两个小矩形，分别表示程序的开始和结束。

"支流程线"：是在设计窗口中除了主流程线的其他流程线，主要包括"框架"图标、"交互"等下面的分支。

"指针"：呈现一只小手的形状，指示下一步设计图标在流程线上的位置。单击程序设计窗口的任意空白处，指针就会跳至相应的位置。

"层次标号"：是当前设计窗口的级别标识，位于设计窗口的右上方，显示当前设计图标在程序文件中所处的层数。

Authorware 的这种流程图式的程序结构，能直观形象地体现设计思想，反映程序执行的过程，使不懂程序设计的人也能很轻松地开发出漂亮的多媒体程序。

（五）演示窗口

演示窗口既是程序的素材编辑窗口，又是最终多媒体作品的播放窗口。它为软件开发者提供了所见即所得的程序开发环境，使多媒体可视化素材的编辑、修改、调试及运行等操作有机统一起来，方便了程序设计，提高了程序的开发效率。Authorware 程序演示窗口如图 6-5 所示。

若想打开演示窗口，可以双击设计窗口中的"显示"图标、"移动"图标、"擦除"图标等显示对象。在默认情况下，演示窗口上有一个"文件"菜单，选择"文件"→"退出"命令（或按 Ctrl+Q 组合键），可以退出演示窗口回到设计窗口，也可单击窗口右上角的"关闭"按钮来关闭窗口。

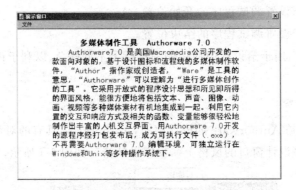

图 6-5　Authorware 程序演示窗口

二、Authorware 其他知识要点

(一)外部文件的分类

作品中如果需要嵌入大量的文件,特别是声音、视频、动画这样的文件,会使主程序文件体积过大,影响播放速度,所以常将这些文件作为外部文件发布。对于这些文件,通常将相同的类型存放在同一个目录下,以便管理。例如,图片放在 Image 文件夹中,声音放在 Sound 文件夹中,视频放在 Video 文件夹中等。

(二)程序的显示

(1)程序显示时的分辨率。Authorware 默认的作品大小是 640×480,但现在的主流显示器分辨率一般为 800×600、1 024×768 或 1 280×1 024,所以,一般将作品的大小设为 800×600。这项工作在开始设计之前就要做好,要是等到程序设计完成之后再来更改显示大小,那么原来调整好的图片、文字等其他元素的位置都将发生变化,重新调整是很令人头疼的。可是,如果用户的显示器分辨率不是 800×600,作品也不能得到最佳的视觉效果。对于熟练的设计者来说,一般会在程序设计一开始就加入函数来检测用户的显示器分辨率,如果不合适,就对其进行调整。这可以使用一个扩展函数库 alTools.u32 来实现。

(2)标题栏和菜单栏。这个问题也是在设计作品之前就要考虑好的,因为菜单栏和标题栏也在屏幕上占了一定的高度,如果在完成后又想增加或去掉菜单栏和标题栏,那么所有的文字、图片等其他元素的位置就要进行调整,这是相当麻烦的事情。

(三)外部扩展函数

对于高级用户来说,在使用外部扩展函数库之前,一定要考虑好它们的位置。很多外部扩展函数库都存放在 Authorware 的安装目录下,但最好在主程序文件下建一个目录,将这些外部扩展函数都放在这个目录里,并设置好搜索路径,否则在没有安装 Authorware 的机器上会提示找不到这些函数,从而无法实现这些函数的功能。

(四)字体、图片和声音

在制作多媒体作品的时候,字体一定要尽可能选择操作系统所提供的基本中文字库,如果选择其他附加字体,就一定要确认在用户的机器上有这种字库,否则就要将这些文字转化为图片,只有这样才能保证用户看到的效果正是作品想表现的。图片和声音素材的选择要遵循够用就好的原则。对于图片,如果 256 色可以表现出想要的效果,就不要使用 16 位的,如果 16 位就可以的话,那就不要选择 32 位的,因为屏幕的显示精度为每英寸 72 点或 96 点,没有必要使用每英寸 100 点以上的图片,最终的显示效果基本一样。这样会减小最终作品的磁盘占用空间,加快程序运行速度。对于声音素材也是一样,采样的频率和量化的精度直接影响声音的数据量。对于人声来说,使用 22.05kHz 采样率,16 位量化就可以了,若使用 44.1kHz,在效果上没有明显提高,却大大增加了数据量。对于声音的编码,可以使用"其他"→"其他"→"转换 WAV 为 SWA"命令将 WAV 声音转化为 SWA 声音,这是一种质量不错的高压缩比声音格式,也是 Macromedia 自己的声音格式。

关于所制作的多媒体程序文件的属性,可以通过选择"修改"→"文件"→"属性"命令,打开"属性:文件"面板进行设置,如图 6-6 所示。

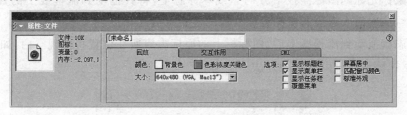

图 6-6　"属性:文件"设置面板

在"回放"选项卡中可以设置演示窗口的大小、显示样式等属性。其中,"色彩浓度关键色"选择按钮用于设置色度键的颜色,当编程者使用了支持色度键的"视频覆盖卡"在屏幕上播放视频时,视频将显示到屏幕上设置了色彩浓度关键色的地方;"匹配窗口颜色"复选框用于设置窗口的颜色匹配用户显示器屏幕的颜色,并随最终编程者对其显示器屏幕颜色设置的改变而改变(因为有可能产生与作品背景相冲突的颜色,所以应尽量避免使用该选项)。

"交互作用"选项卡用于设置演示窗口的交互特性,包括等待按钮的样式、按钮上的标签、特效等,如图 6-7 所示。

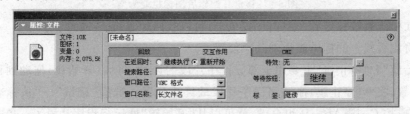

图 6-7　"属性:文件"设置面板——交互作用选项卡

CMI(计算机管理教学)选项卡主要用于对学习者的操作进行跟踪管理的设置,如图 6-8 所示。选中"全部交互作用"复选框可以跟踪多媒体程序运行中"知识对象"的所有交互过程;"计分"复选框用于跟踪学习者的得分情况,得到统计数值;"时间"复选框用于记录学习者的使用时间,单位为秒;"超时"复选框用于判断学习者在使用 CMI 的过程中没有交互行为发生的时间间隔是否超时;"在退出"复选框用于设置学习者退出程序后,是否也同时退出 CMI 系统。

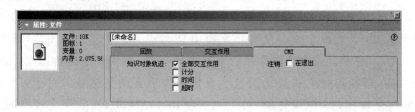

图 6-8 "属性:文件"设置面板——CMI 选项卡

(五)程序调试控制面板

在程序设计的过程中,经常要看一看所设计的结果,以便及时发现并解决设计中存在的缺陷和错误,这时就会频繁地用到"开始旗"与"停止旗",还有程序调试控制面板。

移动鼠标光标到图标面板下方的 ◡ 或 ◢ 标志上,将其拖动到流程线上的目标位置,就可以将 ◡ 或 ◢ 插入需要调试的程序片段的起始点或终止点。

当标志旗拖动到流程线上后,图标栏上的原标志旗所在位置将出现空白,如图 6-9 所示,这时返回标志旗有以下两种方法。

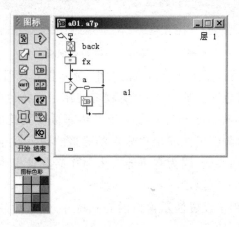

图 6-9 移走开始旗后图标栏变为空

(1)在标志旗被移走后的空白位置单击,可以收回标志旗。

(2)将流程线上的标志旗拖动到原位置。

"开始旗"和"停止旗"主要用于部分程序片段的调试,将 ◡ (开始旗)拖动到程序片段的起始位置,将 ◢ (停止旗)拖动到程序片段的终止位置。选择"调试"→"从标志旗处运行"命令,或按 Ctrl+Alt+R 组合键,就可以从"开始旗"处运行程序片段了。单击工具栏上的 ▶ 运行按钮,也可以起到同样效果,如图 6-10 所示。

一个完整的多媒体程序包含许多超级链接、框架结构、交互结构等,程序每次执行的次序也不一样。这时如果只使用"调试"→"从标志旗处运行"命令或运行 ▶ 按钮等方式来调试,工作量会很大,此时,一般使用"控制面板"来进行调试。控制面板默认窗口如图 6-11 所示。

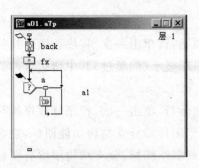

图 6-10　部分程序的调试

图 6-11　控制面板默认窗口

打开"控制面板"可以通过"窗口"→"控制面板"命令,或者按 Ctrl+2 组合键,也可以通过单击工具栏上的 按钮来实现。在打开的控制面板窗口上可以通过单击 按钮来打开控制面板扩展窗口,如图 6-12 所示。控制面板的组成如图 6-13 所示。

图 6-12　包含扩展窗口的控制面板

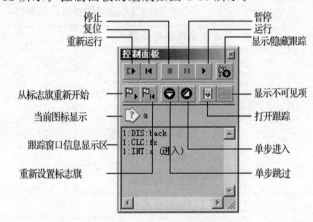

图 6-13　控制面板的组成

"重新运行"按钮等同于"调试"→"重新开始"命令和工具栏上的"重新运行"按钮,单击此按钮,Authorware 将会清除演示窗口中的所有内容,重置变量,不管是否有标志旗,都会从流程线的起始处运行整个程序。

"复位"按钮也称初始化按钮,等同于"调试"→"复位"命令,单击此按钮将会清除演示窗口和跟踪窗口中的所有内容,使程序返回到初始值(起始点)状态。

"停止"按钮等同于"调试"→"停止"命令,用于停止程序的运行和关闭演示窗口。

"暂停"按钮用于暂停程序运行,并保留演示窗口的当前演示信息。

"运行"按钮等同于"调试"→"运行"命令,用于继续播放被停止或暂停的程序,与重新运行按钮不同的是,它并不使程序从头开始运行,而是从上次停止或暂停的位置开始运行。

"显示/隐藏跟踪"按钮控制是否显示控制面板的跟踪窗口(扩展窗口),隐藏状态按钮显示为 ,显示状态按钮显示为 。

"从标志旗重新开始"按钮的作用是使程序从流程线上的开始旗位置开始运行。

"重新设置标志旗"按钮的作用与复位按钮有些类似,但该按钮是使程序从流程线上

开始旗位置处开始运行程序。

　　"单步跳过"按钮的作用是使程序逐步单帧地运行,单击一次,程序就顺序执行一个图标,遇到群组图标或分支结构功能图标,并不跟踪显示(即跳过)其中所包含的具体图标的执行情况。

　　"单步进入"按钮的作用是使程序逐步单帧地运行,单击一次,程序就顺序执行一个图标。与"单步跳过"跟踪按钮不同的是,遇到群组图标或分支结构功能图标,它会自动跟踪显示其中所包含的具体图标的执行情况,等到群组图标、分支结构中所有图标执行完后,才停止执行。

　　"打开跟踪"或"关闭跟踪"按钮可以打开或关闭跟踪信息的显示功能。处于打开跟踪状态时,将在跟踪窗口中显示跟踪当前图标的类型、名称或脚本语句的注释信息。其中,图标的类型用缩写字母表示,见表 6-1。

表 6-1　设计图标对应的缩写形式

设计图标类型	名称缩写
显示设计图标	DIS
移动设计图标	MTN
擦除设计图标	ERS
等待设计图标	WAT
导航设计图标	NAV
框架设计图标	FRM
判断设计图标	DES
交互设计图标	INT
计算设计图标	CLC
群组设计图标	MAP
数字电影设计图标	MOV
声音设计图标	SND
DVD 设计图标	DVD
知识对象设计图标	KO

　　"显示不可见项"按钮用于显示那些通常不可见的对象,如显示交互图标中的目标区域、文本输入框等。

　　Authorware 提供了多种程序调试手段,在编写程序的过程中,我们要形成良好的习惯,尽可能避免或少产生错误程序,随时调试运行程序,及时纠正出现的错误,这样会使出错的概率和调试工作量降到最低程度。另外,结构化程序设计和对相关语句进行注释说明也是减少调试工作量的重要方法。

任务总结

　　本任务的完成使我们对 Authorware 有了大致了解。Authorware 提供了多种程序调试手段，在编写程序的过程中，我们要形成良好的习惯，尽可能避免或少产生错误程序，随时调试运行程序，及时纠正错误。

任务拓展

　　运用 Authorware 创建一个文本文件，并对文本进行适当修饰。

　　操作提示：将工具箱内的显示按钮拖拽到流程线上，双击该图标，打开演示窗口和作图工具箱，工具箱内有 8 个工具按钮，分别用于文字和图片编辑。

任务二　创建多媒体文件

任务导入

　　Authorware 无须传统的计算机语言编程，只通过对图标的调用来编辑一些控制程序走向的活动流程图，将文字、图形、声音、动画、视频等各种多媒体项目数据汇在一起，就可达到多媒体软件制作的目的。Authorware 这种通过图标的调用来编辑流程图，用以替代传统的计算机语言编程的设计思想是它的主要特点。

任务分析

　　本次任务是掌握运用 Authorware 创建文本、图形、影像等多媒体文件。实际上，此任务的完成是对 Authorware 图标工具面板中的功能设计图标的使用，包括显示图标、擦除图标、等待图标、群组图标、移动图标、声音图标、数字电影图标、判断图标、导航图标、框架图标。

一、文本的创建

打开显示图标,在工具面板上选择"文本工具",鼠标指针为"I"形,在演示窗口中单击,进入文本编辑状态,如图 6-14 所示。

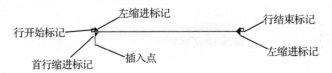

图 6-14 文本标尺线

输入的文字如果有白色的背景,可以打开模式窗口,选择透明模式。

(1)格式化文本。可以使用"文本"菜单设置文字的格式,包括字体、大小、风格、对齐等,如图 6-15～6-18 所示。

图 6-15 文本字体设置

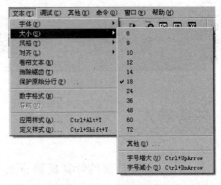

图 6-16 文本大小设置

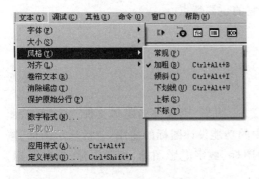

图 6-17 文本风格设置

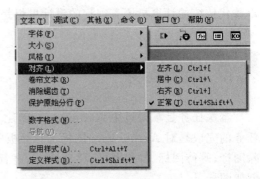

图 6-18 文本对齐设置

(2)如果文字内容太多,又想在一个显示图标内显示完成,可以使用卷帘文本,如图 6-19 所示。在文本区域的右侧会出现上下方向的滚动条,如图 6-20 所示。

图 6-19　设置卷帘文本

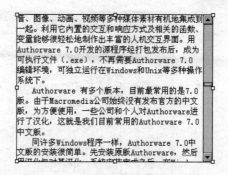

图 6-20　卷帘文本效果

（3）在实际应用过程中，最好使用文本样式来格式化文本。Authorware 中的文本样式表和 Word 中的样式非常相似，使用了某种样式的文本，在更改样式后，文本将自动更新，而不需要再去重新设置。要定义样式，可选择"文本"→"定义样式"命令或按 Ctrl＋Shift＋Y 组合键打开"定义风格"对话框来添加、更改、删除文本样式，如图 6-21 所示。要应用样式，可以先选中文字，然后选择"文本"→"应用样式"命令或按 Ctrl＋Alt＋Y 组合键，也可以直接在工具栏上的样式表中选取，如图 6-22 所示。

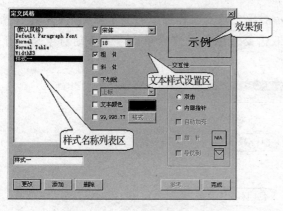

图 6-21　文本样式设置窗口

图 6-22　设置文本样式

二、显示图标的使用

显示图标是 Authorware 7.0 程序设计中最基本、最重要的设计图标，通过其文本编辑和绘图工具，工具箱可以创建编辑显示对象。

从图标面板中拖动显示图标到设计窗口的流程线上，就在程序中创建了显示图标，如图 6-23 所示。该图标默认名称为"未命名"，选中该名称就可以输入新的名字（可以是英文，也可以是中文）。为设计图标取规范的名字是一种良好的编程习惯。

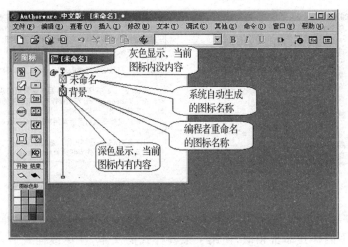

图 6-23　显示图标

　　显示图标显示的对象有 3 类,即文本、图形和图像,双击显示图标打开演示窗口,在其中可以创建、编辑这些对象。设置显示图标的属性可通过"修改"→"图标"→"属性"命令来调用图标属性设置面板。

　　可以利用工具箱来创建和编辑显示对象。双击流程线上的显示图标,打开演示窗口的同时,工具箱也会显示(也可以通过双击交互图标或演示窗口内的活动对象来打开工具箱),如图 6-24 所示。

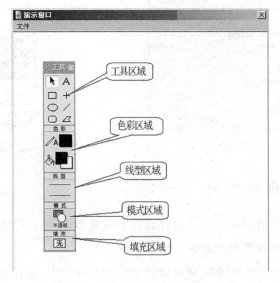

图 6-24　工具箱

（一）工具区域

　　利用工具区域提供的工具,可以创建文字、矩形、圆角矩形、直线、斜线、椭圆形、多边形等,并且可以对它们进行选择、移动、缩放等操作,如图 6-25 所示。

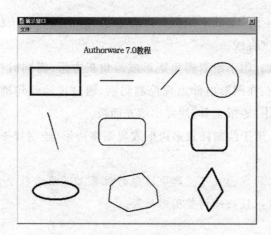

图 6-25 绘图功能

"指针工具" 用于一个或多个对象的选择、移动等。单击"指针工具"图标,使其处于可使用状态,在演示窗口内的对象上单击即可选中此对象,如果想选择多个对象,可在按住 Shift 键的同时单击各个对象,也可通过在多个对象的周围拖动出一个矩形来选中多个对象。拖动选中的对象可以改变对象的位置。使用指针也可以改变图形的形状,单击图形对象,在其周围会出现多个规则的小正方形句柄,拖动这些句柄,可以改变图形的形状,如图 6-26 所示。

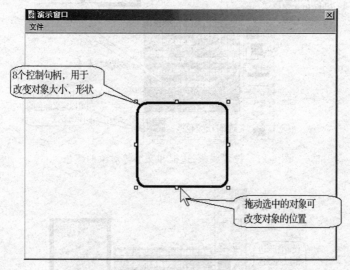

图 6-26 利用句柄更改形状、大小和位置

"文本工具"A,用于输入和编辑文字对象。

"矩形工具"□,主要用于绘制长方形、矩形和正方形(绘制正方形需要同时按住 Shift 键)。双击"矩形工具"还能弹出填充面板。

"直线工具"+,用于绘制水平线、垂直线、45 度直线。

"椭圆形工具"○,用于绘制椭圆形和正圆形(绘制正圆形时需同时按住 Shift 键)。

"斜线工具" /，用于绘制任意倾斜角度的直线，如绘制同时按住 Shift 键，可以绘制水平线、垂直线和 45 度直线。

"圆角矩形工具" ▭，用于绘制圆角矩形或圆角正方形（需同时按住 Shift 键）。圆角矩形刚刚绘制完成时会在图形内部出现控制句柄，通过拖动此句柄，可以改变圆角矩形为椭圆形或矩形。双击"矩形工具"能弹出填充面板。

"多边形工具" ▱，用于绘制任意多边形或规则多边形（绘制规则多边形时，需同时按住 Shift 键）。

提示：使用键盘上的方向键可将选中图形的位置上下左右移动，每按一次，图形会移动一个像素，这样可以很精确地调整图形位置。

(二)色彩区域

色彩区域用于设置图形、文本、线条、边框等的颜色属性。通过单击色彩面板上的 ▤ 或 ▨ 区域，或使用"窗口"→"显示工具盒"→"颜色"命令可以打开颜色面板，也可以按 Ctrl＋K 组合键或双击"椭圆形工具" ⬭ 来实现同一功能。设置线条、边框和文字等对象的颜色，如图 6-27 所示；设置前景色与背景色，如图 6-28 所示。

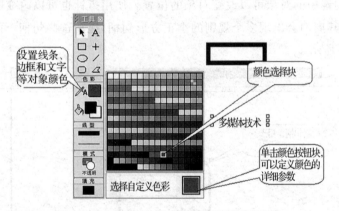

图 6-27　设置线条、边框和文字等对象的颜色

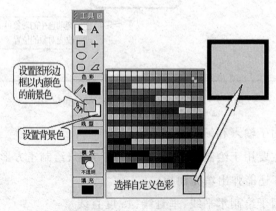

图 6-28　设置前景色与背景色

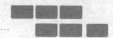

（三）线型区域

线型区域用于线型选择，如宽窄、虚实、是否带箭头及箭头指向等。它分为上下两个部分，上半部分用来设定线的宽、窄、虚、实，下半部分用来设置是否带有箭头、箭头方向等。通过单击线型区域中的 ▬ 按钮或使用"窗口"→"显示工具盒"→"线"命令可以打开线型面板，也可以按 Ctrl＋L 组合键或双击"直线工具" ＋ 或"斜线工具" ／ 来实现同一功能，如图 6-29 所示。

（四）模式区域

模式区域用于同一个显示图标中有多个可显示对象或者多个不同图标之间发生重叠显示时，设置这些可显示对象之间重叠、交叉、透明、反色和 Alpha 通道等多种混合显示效果。通过单击模式区域中的 ▦ 按钮或使用"窗口"→"显示工具盒"→"模式"命令可以打开模式面板，也可以按 Ctrl＋M 组合键或双击"指针工具" ▸ 来实现同一功能。文字的透明状态与不透明状态的对比如图 6-30 所示。

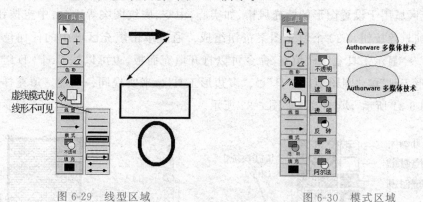

图 6-29　线型区域　　　　　　　　图 6-30　模式区域

模式面板由"不透明"模式、"遮隐"模式、"透明"模式、"反转"模式、"擦除"模式和"阿尔法"模式组成。模式类型及功能见表 6-2。

表 6-2　模式类型及功能

模式	功能
不透明	Authorware 的默认模式，上面的显示对象将用自身颜色覆盖下面对象，其本色不会发生变化
遮隐	对于使用工具箱绘制的图形，其作用与"不透明"模式相同。对于位图对象，会把封闭图形周围的白色部分透明显示，封闭图形内部有颜色的区域不受影响

模式	功能
透明	对于位图对象,会把图像中所有白色部分全部透明;对于文字对象,不论其背景色如何设置,背景均为透明;对于绘制的图形,如使用纯白背景色,可以透明显示,如使用前景色填充图形,则无论什么颜色都不会产生透明
反转	可视对象之间发生重叠时,显示颜色取反色,即重叠部分以互补颜色显示
擦除	可视对象之间重叠的颜色部分被删除
阿尔法	显示带有 Alpha 通道的图片的 Alpha 通道属性,对文本和绘制的矢量图无效

（五）填充区域

填充区域用于设置图形的填充风格,如实心、中空、底纹图案等,它由中空按钮、背景色按钮、前景色按钮和 33 个填充图案按钮组成。通过单击填充区域中的任何位置或使用"窗口"→"显示工具盒"→"填充"命令可以打开填充面板,也可以按 Ctrl＋D 组合键或双击"矩形工具"□、"圆角矩形工具"□、"多边形工具"◢来实现同一功能。填充样式选择窗口如图 6-31 所示 ,填充效果如图 6-32 所示。

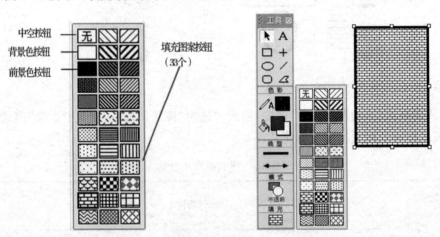

图 6-31　填充样式选择窗口　　　　图 6-32　填充效果

（1）单击中空按钮,将不对选中的图形对象填充颜色。图形对象的颜色为底色,用户只能对图形对象边框的线宽、虚实和颜色进行设置。

（2）单击背景色按钮,将为图形对象选择背景颜色面板中的颜色进行填充。它需要与颜色窗口进行配合。

（3）单击前景色按钮,将为图形对象选择前景颜色面板中的颜色进行填充。它需要与颜色窗口进行配合。

（4）系统默认设置前景色为黑色，背景色为白色。填充样式对文本、位图、线等对象无效。

（六）导入外部图像文件

单击工具栏上的"导入"  按钮，或选择"文件"→"导入和导出"→"导入媒体"命令，弹出导入图像对话框。选中下方的"显示预览"复选框，可以在右边的窗口中预览选中的图片，如图 6-33 所示。选中"链接到文件"复选框，将链接到外部文件，如果外部文件修改了，那么在 Authorware 中看到的也是修改后的图像，一般在图片需要多次改动时，选中此复选框。

图 6-33　图像导入对话框

单击如图 6-33 所示右下角的＋按钮，可以一次导入多个对象，如图 6-34 所示。

图 6-34　图像导入对话框——展开列表区

使用"插入"→"图像"命令也可以导入外部图像，同时可以对图像在演示窗口中的显示位置、显示模式和版面布局等属性进行设置（双击已经导入的图像可以打开图像属性对话框），如图 6-35 所示。但是，该方法一次只能导入一个图像，不能批量导入。

小技巧：

•在双击一个显示图标并对其中的内容编辑后，按住 Shift 键再打开另一个显示图标，可同时看到两个显示图标的内容，这样有利于在不同图标中图像或文字的相对定位。

•在调试程序时，遇到没有设置内容的图标会停下来，移动图标中移动的对象，可以先不设置，在调试自动停下时，再进行选择，这样会方便一些。

图 6-35　图像属性设置对话框

- 按住 Ctrl 键再双击图标,可打开其属性对话框,对其进行设计。
- 程序运行时,双击某个对象,也可以使程序暂停下来,对其进行编辑。
- 不拖动图标到设计窗口,而是直接导入文件,Authorware 会自动判断文件类型,并在流程线上加上相应的图标,图标名就是文件名。
- 在各对话框中输入数字时,输入法必须为英文半角状态。

三、擦除图标

擦除图标 必须与其他设计图标结合使用,它的操作对象是已经显示在演示窗口中的可视文件对象。一个擦除图标可以同时擦除多个图标中的文件对象,在擦除的过程中还可以设置多种擦除过渡效果。一般来说,在擦除图标与被擦除的设计图标之间要放一个 等待图标或其他功能的设计图标,如果不这样的话,程序运行时设计图标的内容还没有被看清楚就已经被擦除了,如图 6-36 所示。双击擦除图标 可打开其属性面板,也可通过单击并选中擦除图标,选择"修改"→"图标"→"属性"命令来实现同样功能,然后单击演示窗口中的对象即可将其添加到擦除对象列表,在"特效"选项中可以选择过渡效果,如图 6-37 所示。

图 6-36　擦除图标与等待图标

图 6-37　擦除图标属性设置面板

单击特效栏右侧的 按钮打开擦除模式窗口,选择如图 6-38 所示的过渡特效。
"文本 1"的内容在演示窗口中会出现如下过渡显示,然后被擦除,如图 6-39 所示。

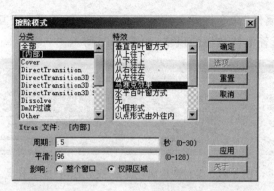

图 6-38 过渡特效设置

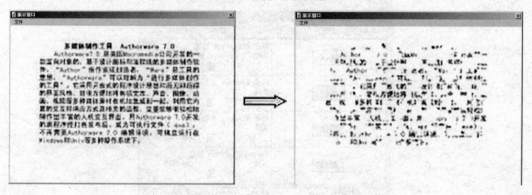

图 6-39 过渡效果实例

四、等待图标

等待图标⏹用于程序执行过程中图标之间的暂停控制,在程序中设置一段等待时间和等待行为的终止条件,以便用户有时间观看演示窗口中的内容,或者实现程序与用户的人机交互功能。

双击流程线上的等待图标⏹可以打开其属性设置面板窗口,也可通过单击并选中等待图标,选择"修改"→"图标"→"属性"命令来实现同样功能,如图 6-40 所示。

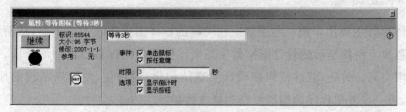

图 6-40 等待图标属性设置窗口

通过选中选项区域中的"显示倒计时"和"显示按钮"复选框可设置程序运行过程中是否显示倒计时时钟●和等待按钮继续。在程序运行到等待图标时,通过使用"调试"→"暂停"命令或使用控制面板上的暂停按钮,暂停程序的执行。然后选中等待按钮继续或倒计时时钟●,就可以把它们拖动到演示窗口中新的位置。对于等待按钮,还可以通过

"修改"→"文件"→"属性"命令打开文件属性设置面板窗口,在"交互作用"选项卡中的等待按钮设置选项区设置等待按钮的风格,如图 6-41 所示。

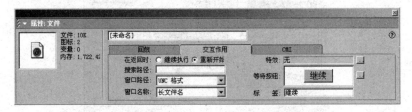

图 6-41　等待图标属性设置"交互作用"选项卡

单击▦按钮打开按钮定义窗口,就可以添加、删除和修改按钮风格了,如图 6-42 所示。

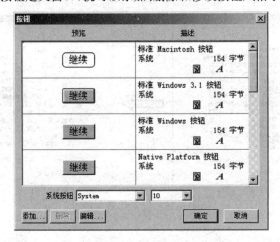

图 6-42　修改按钮风格

等待的解除可以采用时间解除方式,即在"时限"文本框中输入一个时间值,强制等待该时间后自动解除。也可以采用用户响应解除方式,即通过设置"单击鼠标""按任意键"和"显示按钮"等属性,生成对应组合的解除方式。当然也可以采用时间解除与用户响应解除的混合解除方式。

五、群组图标

群组图标▦主要用于把一些逻辑上相关联的设计图标集合为一个组,从而解决设计窗口中流程线上所能显示的设计图标数量与实际使用的图标数量之间的矛盾,节约设计窗口的有限空间。另外,能够使程序设计实现结构化、模块化,使程序结构更加清晰,可读性增强,进一步方便程序的编辑制作和修改维护。

创建一个群组图标有两种方法,一是从设计图标面板中拖动一个群组图标到程序流程线上;二是选择流程线上的设计图标,然后使用"修改"→"群组"命令,使这些设计图标纳入一个群组图标中,如图 6-43 所示。如果想对已有的群组图标进行解组,可以先选择该群组图标,然后选择"修改"→"取消群组"命令来解散该群组。

对于群组图标的打开、关闭、排列等操作,可以通过"窗口"菜单中的菜单命令或在

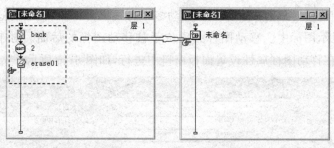

图 6-43 群组创建功能

设计窗口空白处右击，在弹出的快捷菜单中选择相应命令来实现，如图 6-44 和图 6-45 所示。

图 6-44 菜单命令   图 6-45 右键快捷菜单

与群组图标相关的命令选项及功能见表 6-3。

表 6-3 与群组图标相关的命令选项及功能

命令	功能
打开父群组	沿当前群组图标嵌套路径打开不包括最高层的所有上层群组图标的设计窗口
关闭父群组	沿当前群组图标嵌套路径关闭不包括最高层的所有上层群组图标的设计窗口
层叠群组	使当前群组图标的所有高层群组图标设计窗口沿嵌套路径层叠显示
层叠所有群组	使当前所有被打开的群组图标执行"层叠群组"显示
关闭所有群组	关闭当前所有打开的、不包括最高层的群组图标设计窗口
关闭窗口	关闭当前打开的、不包括最高层的群组图标设计窗口

六、移动图标

移动图标以多种方式改变文本、图形、图像和数字电影等可视文件在屏幕上的相对位置从而产生平面动画效果，如果希望通过改变可视文件本身而产生动画效果，通常的方法是用其他专业动画软件如 Flash、3D MAX 等制作完成，然后再导入 Authorware 程序中使用。

移动图标的移动对象是被移动的设计图标中的整体可视文件对象，且只能一次对一

个设计图标中的文件对象有效。如果要移动多个可视文件对象,需要将这些可视文件对象放在不同的显示图标中。移动图标必须位于被移动图标的后面。对于移动图标的各项功能设置,要在移动图标属性设置面板窗口中进行,如图6-46所示。

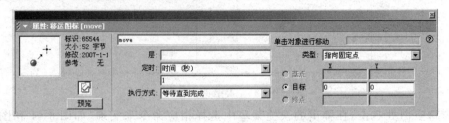

图6-46 移动图标属性设置面板

移动图标☑有以下5种移动类型。

(1)指向固定点移动类型。其功能是将被移动对象从当前显示位置直接移动到目标点位置。

(2)指向固定直线上的某点移动类型。其功能是将被移动对象从当前显示位置移动到所设置的直线上的某个位置点。

(3)指向固定区域内的某点移动类型。其功能是将被移动对象从当前显示位置移动到所设置区域内的某个位置点。

(4)指向固定路径的终点移动类型。其功能是将被移动对象从当前显示位置,沿着所设置的路径(直线或曲线)移动到此路径的终点位置。

(5)指向固定路径上的任意点移动类型。其功能是将被移动对象从当前显示位置,沿着所设置的路径(直线或曲线)移动到此路径的某个位置点。

利用移动图标可以制作片尾滚动字幕。

七、声音图标

声音图标☑主要用于播放声音文件并可以实现与可视文件素材的同步播放。Authorware 7.0支持WAV、MP3、SWA、VOX、AIFF、PCM共6种声音格式,如果想使用MIDI格式声音,可以通过调用midiloop.u32外部函数来实现。

将声音图标☑拖动到流程线上,然后双击声音图标,打开声音图标的属性面板,通过导入按钮可以导入声音,如图6-47所示。

在声音图标的属性面板的“计时”选项卡(图6-48)中,可以设置声音图标的如下属性。

(1)“执行方式”下拉列表框用于设置声音图标与流程线上其他设计图标是否同步执行的关系。

①等待直到完成。声音图标运行完毕后才向下执行其他设计图标。

②同时。启动当前声音图标的同时,自动同步执行流程线上该图标后面的其他图标。

③永久。只要开始的条件为真,声音图标就执行,同时继续执行其他设计图标;当条件为假时,声音图标停止执行。

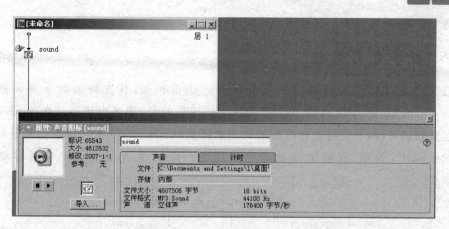

图 6-47　声音图标的属性面板

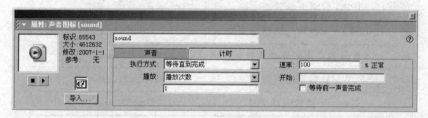

图 6-48　声音图标属性面板"计时"选项卡

（2）"播放"下拉列表框用于设置声音如何播放。

①播放次数。用于设置声音在单位时间里的播放次数。

②直到为真。设置条件,控制声音的播放与停止,条件为真时,停止播放此声音图标。

（3）"速率"文本框用来设置声音文件的播放速度。

（4）"开始"文本框用于设置声音文件播放的起始时间,条件为真时播放,条件为假时停止。

（5）"等待前一声音完成"复选框用于设置多个声音播放时的播放次序。

如果在播放声音的同时想同步播放视频或动态文本、图形、图像等文件内容,可以把这些设计图标拖动到此声音图标的右边,形成声音图标的分支图标,如图 6-49 所示。

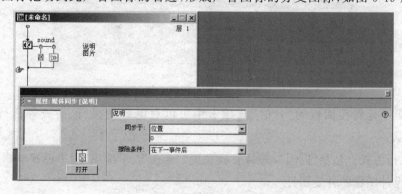

图 6-49　媒体同步属性设置

双击分支图标上面的同步标志,打开属性设置面板,可设置声音的同步属性。在"同步于"下拉列表框中如选择"位置"选项,则以毫秒（ms）为单位计算声音媒体的位置;

如选择"秒"选项,则根据声音的播放时间进行同步操作。

八、数字电影图标

数字电影图标![]的使用方法与声音图标![]很相似,其支持的数字视频格式有MPEG、QuickTime、AVI、ASF、WMV 等。需要注意的是,很多视频格式在 Authorware中打包发布的时候,要把与之相匹配的驱动文件从 Authorware 安装目录下复制到打包发布的目录下,否则,视频的播放会出现问题。常见的 Authorware 视频驱动文件见表6-4。

表 6-4 常见的 Authorware 视频驱动文件

驱动文件	代表类型
MPEG 数字电影驱动文件	a7mpeg32. xmo
QukckTime 数字电影驱动文件	a7qt32. xmo
AVI 数字电影驱动文件	a7vfw32. xmo
ASF、WMV 数字电影驱动文件	a7wmp32. xmo
Director 播放驱动文件	A7dir32. xmo

将数字电影图标![]拖动到流程线上,然后双击打开数字电影图标的属性面板,通过导入按钮可以导入视频文件,如图 6-50 所示。

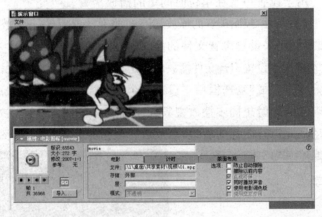

图 6-50 导入视频文件

在电影图标属性面板的"计时"选项卡中可以对电影的执行、播放等进行设置,如图 6-51所示。

(1)执行方式。包括"同时""等待直到完成""永久"3 个选项,用于设置电影文件播放时与其他设计图标的并发属性。

(2)播放。用于设置电影的播放方式和播放进程。一般来说,设置常用外部存储数字电影,只会用到"重复""播放次数""直到为真"3 个选项,对于特殊格式和内部存储电影,还有"控制暂停""控制播放""只在移动时""每个周期次数"选项可以设置。

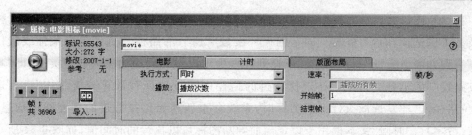

图 6-51 电影图标属性面板"计时"选项卡

（3）速率。对于支持可调整速度的数字电影，可以设置其播放速度。

（4）开始帧和结束帧。用于定义数字电影的播放范围。

在"版面布局"选项卡（图 6-52）中可以设置数字电影文件的显示位置和移动方式。

图 6-52 电影图标属性面板"版面布局"选项卡

（1）位置。用于设置数字电影文件的播放位置，包括"不改变""在屏幕上""沿特定路径""在某个区域中"选项。当选择了相应的选项后，"基点""终点"和"初始"选项变为可操作状态。

（2）可移动性。用于设置数字电影在演示窗口中位置的变化方式，包括"不能移动""在屏幕上""任何地方"3 个选项。

九、判断图标

判断（决策）图标◇的主要功能是实现程序的分支和循环结构，可以把它看作是编程语言中的条件语句和循环语句的图形化操作。从在流程线上的结构来看，它与交互图标差不多，但它们的执行方式是不一样的。交互图标分支的执行是由用户的交互操作激活的，而判断图标分支的执行是由判断图标的文件属性设置所决定的内部运行机制控制的。其流程结构如图 6-53 所示。

图 6-53 判断图标及分支结构

在判断图标的属性面板中,可以设置其循环属性,在"重复"下拉列表框中有5种循环类型可供选择,即"不重复""固定的循环次数""所有的路径""直到单击鼠标或按任意键""直到判断值为真"。在"分支"下拉列表框中可以设置程序的4种分支类型,即"顺序分支路径""随机分支路径""在未执行过的路径中随机选择""计算分支结构"。当选中"复位路径入口"复选框执行判断图标时,系统会重新初始化执行过的分支路径信息(即重置、清零)。"时限"文本框用于设定当前判断图标可以执行的时间值,如图6-54所示。

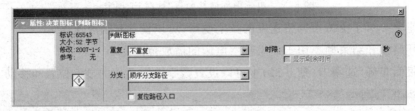

图6-54　判断图标的属性设置面板

在判断图标属性设置面板中可以设置擦除判断分支图标的方式,即"在下个选择之前""在退出之前""不擦除",如图6-55所示。

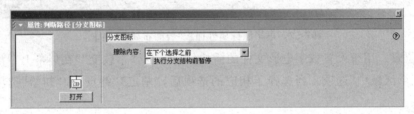

图6-55　判断分支属性面板

十、导航图标

导航图标▽用于在程序内部模块或图标之间的跳转,它可以位于流程线上的任意位置,完成超链接功能。很多时候导航图标都是包含在框架图标□中来应用的,框架图标可以包含任何设计图标和分支子图标,默认的框架图标由显示图标、交互图标和导航图标组成。

使用导航图标属性面板窗口可以对导航图标的属性进行设置。按照"目的地"下拉列表框中选项类别的不同,属性设置面板窗口又分为"最近""附近""任意位置""计算"和"查找"5种面板形式,如图6-56所示。在不同的面板形式中,又可进一步对其属性进行设置,设置后的不同类型分别对应不同的导航图标标志符号,如图6-57所示。

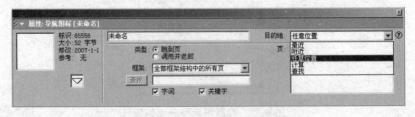

图6-56　导航图标属性面板(5种窗口选项)

图 6-57 "最近"选项属性设置面板

各种类型导航图标标志见表 6-5。

表 6-5 各种类型导航图标标志

导航类型	图标标志	导航类型	图标标志
返回	▽	退出框架/返回	▽
最近页列表	▽	计算(跳到页)	▽
前一页	▽	计算(调用并返回)	▽
下一页	▽	查找(跳到页)	▽
第一页	▽	查找(调用并返回)	▽
最末页	▽		

十一、框架图标

框架图标主要用于设计程序的框架结构,它可以包含任何设计图标和分支子图标。默认的框架图标内部结构(通过双击框架图标可以打开)如图 6-58 所示。

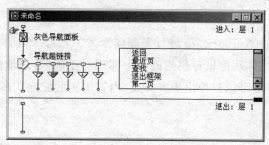

图 6-58 框架图标的组成

入口窗格用于控制程序进入框架图标时的执行功能(默认情况下会执行由 8 个导航图标构成的交互响应结构),出口窗格用于控制程序退出框架图标时的执行功能。流程线上的一个简单的框架结构如图 6-59 所示。

如图 6-60 所示,通过屏幕右上方的按钮控制面板,可以随意在页面之间进行浏览。右击框架图标选择属性,还可以打开框架图标的属性设置面板来设置页面之间的过渡显示效果,如图 6-61 所示。

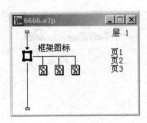

图 6-59　框架结构

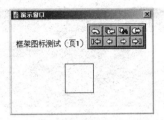

图 6-60　框架结构执行效果

图 6-61　框架图标属性设置面板

当框架图标默认的导航按钮控制面板不能满足用户的需求时,可以双击框架图标,打开其框架窗口,然后修改导航控制按钮的外观及功能使其达到最终要求。

任务总结

功能设计图标是 Authorware 进行多媒体开发的核心工具,同时是 Authorware 可视化面向对象多媒体程序设计思想的集中体现。正确、合理地使用图标工具面板中的设计图标,编程者可以制作出影音并茂、内容丰富的交互式多媒体作品。

任务拓展

学习使用移动图标。

参考步骤:①在流程线上拖入一个显示图标,再拖入一个移动图标;②显示图标导入蝴蝶图片,并将显示图标拖动到移动图标上;③双击移动图标;④在窗口下部设置移动图标属性,将类型改为"指向固定路径上的任意点";⑤单击蝴蝶,移动蝴蝶;⑥运行。

任务三　人机交互设计和程序打包发布

任务导入

在多媒体技术中,人机交互是非常重要的内容。所谓人机交互,是指多媒体系统通过各种方法接受用户的信息反馈等信息交互工作。通过人机交互,多媒体技术变得丰富多彩。

任务分析

本次任务是熟悉 Authorware 的人机交互设计功能和对程序的打包发布。交互图标是 Authorware 最重要的设计图标之一,并提供了多种交互类型:按钮、文本输入、热区域、按键、热对象、重试限制、时间限制、下拉菜单、事件和条件等。

任务实施

交互图标 [?] 是 Authorware 最重要的设计图标之一,使用它可以实现丰富的人机交互功能。一个完整的交互过程应包括交互图标、响应图标、交互类型、响应路径和响应状态等,如图 6-62 所示。

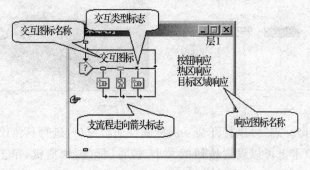

图 6-62　Authorware 交互结构

Authorware 提供的交互类型如图 6-63 所示。

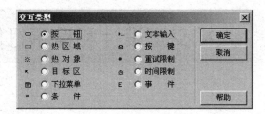

图 6-63　11 种交互类型

一、按钮交互类型

拖动一个交互图标和一个显示图标到程序流程线上，选择"按钮"交互类型，如图6-64所示。

图 6-64　创建按钮交互

将响应图标的名字更改为"响应图标"，打开交互分支上的显示图标，创建文本、图形或图像对象，然后运行程序，如图6-65所示。

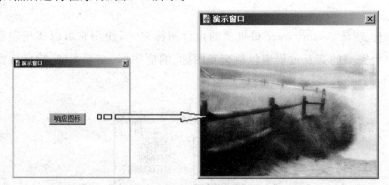

图 6-65　程序运行结果

双击"响应类型标志"可以打开交互图标属性面板窗口，进行具体设置。

在"按钮"选项卡上可以设置按钮的大小、位置、标签、快捷键、单击按钮的鼠标形状及当按钮不可用时在屏幕上隐藏等，如图 6-66 所示。

在"响应"选项卡上可以设置响应图标文件内容的响应方式，以及响应图标运行后程序流程的走向，如图 6-67 所示。

（1）范围。选中"永久"复选框，则响应类型在整个程序运行过程中一直有效；不选中该复选框，则只在当前分支内有效。

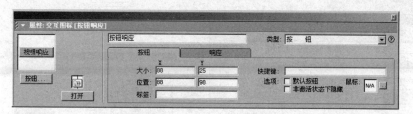

图 6-66　设置按钮属性

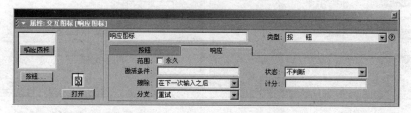

图 6-67　设置按钮的响应属性

（2）激活条件。在"激活条件"文本框中可以输入常量、变量或表达式。条件为假时，交互处于禁用状态；条件为真时，交互处于启用状态。

（3）擦除。用于设置是否擦除响应图标中的内容，以及擦除时间、擦除方式等。包括"在下次输入之后"擦除、"在下一次输入之前"擦除、"在退出时"擦除和"不擦除"。

（4）分支。用于设置响应图标执行完成后程序的走向。包括"重试""继续""退出交互"和"返回"。交互分支流程走向如图 6-68 所示。

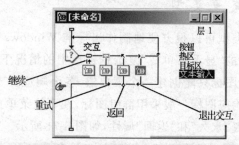

图 6-68　交互分支流程走向

（5）状态。用于设置是否跟踪用户的响应，判断并记录用户正确响应或错误响应的次数，在"计分"文本框中设置记录用户响应得分的数值或表达式。

通过单击交互图标属性面板上的 按钮… 可以打开"按钮"对话框，在这里可以对系统按钮进行编辑、修改、删除等操作，如图 6-69 所示。还可以单击"按钮"对话框中的 添加… 按钮打开"按钮编辑"对话框，创建新的风格的按钮，如图 6-70 所示。

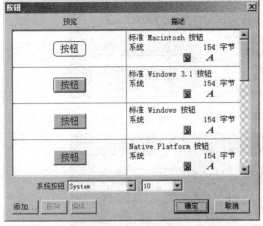

图 6-69　按钮样式设置　　　　　　　　　　图 6-70　编辑按钮样式

　　在"按钮编辑"对话框的"状态"选项区域显示了 8 种不同状态的按钮图形,其中"常规"部分用于设置标准按钮,"选中"部分用于设置复选框或单选按钮状态。针对按钮的不同显示状态,可以通过"图案"下拉列表框右侧的"导入"按钮来导入外部按钮图形资源,还可以在"标签"下拉列表框中设置是否显示按钮标签及标签在按钮图形上的对齐方式。如果需要的话,还可以为按钮的不同显示状态设置不同的声音(需从外部导入)。

二、下拉菜单交互类型

　　使用下拉菜单交互类型可以很方便地制作出标准 Windows 下拉菜单风格,需要注意的是,只有在文件属性的"显示菜单栏"复选框被选中的情况下,才能使用下拉菜单交互类型。另外,一个交互图标只能创建一个菜单组,各个响应分支分别为菜单组下面的子菜单项。交互分支的响应图标一般采用群组图标,在下拉菜单交互类型设置面板的响应选项卡里通常还会设置"永久"和"返回"属性,如图 6-71 所示。

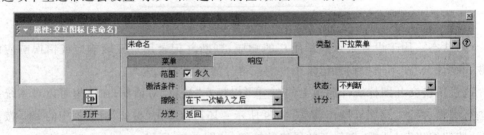

图 6-71　下拉菜单交互图标属性设置

　　下拉菜单交互类型的程序流程结构和最后运行结果如图 6-72 和图 6-73 所示。选择菜单中的命令,交互分支中相应的分支结构(群组图标)里面的内容就会运行。

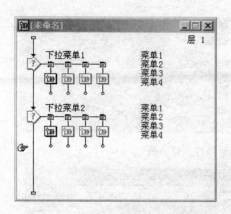

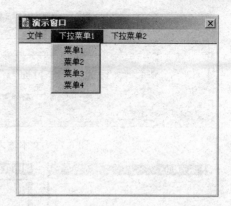

图 6-72　下拉菜单交互类型流程结构　　　图 6-73　下拉菜单交互类型程序运行结果

三、文本输入交互类型

应用文本输入交互类型可以在屏幕上建立一个文本输入区域,当用户输入的内容与预设内容相符时,则执行响应图标。

在流程线上创建如图 6-74 所示的文本输入交互程序结构。两个分支结构,第一个是正确响应分支,其中响应图标内设置欢迎画面和画面停留时间;第二个是错误响应分支(命名为"*",使用通配符的意义在于除了正确响应的其他所有输入内容都为不正确的内容),在其中的群组响应图标内设置错误提示信息、信息停留时间及擦除信息(擦除错误提示信息)。

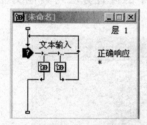

图 6-74　文本输入交互程序结构及正确响应和错误响应分支

右击交互计图标 ,在弹出的快捷菜单中选择"属性"命令,打开属性设置面板,如图 6-75 所示。单击 打开 按钮打开演示窗口(也可直接双击交互图标),创建如图 6-76 所示的文本和用于衬托输入文本的矩形,并调整文本输入框的位置到矩形上面。单击 文本区域 按钮可以打开"交互作用文本字段"属性面板,如图 6-77 所示,对文本输入框的属性加以具体设置。

173

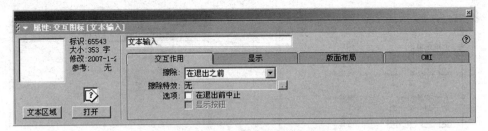

图 6-75　文本输入交互图标属性设置面板

图 6-76　创建文本输入的界面

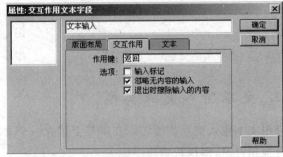

图 6-77　交互作用文本字段属性面板

　　双击"正确响应"交互图标打开交互图标属性设置面板，如图 6-78 所示。在"文本输入"选项卡内的"模式"文本框内可以设置交互所须匹配的文本内容（采用"｜"符号可以分隔多个有效匹配内容）。还可以设置"最低匹配"字数、是否增强匹配（累加用户的正确输入得到最终匹配结果）和忽略哪些内容。在"响应"选项卡中的设置方法与其他交互类型的设置基本相同。

图 6-78　交互图标属性设置面板

四、条件交互类型

　　条件交互类型是指如果满足预设的条件，程序就执行分支响应，否则不执行。它经常与其他交互类型混合使用。

　　计算图标的作用一是补充和扩展其他设计图标的功能，此时通常以附加计算图标的形式出现；二是作为 C＋＋、JAVA 等编程语言的编辑器，提供 AWS 脚本语言和 JavaScript 脚本语言等代码编辑窗口。在此窗口中，编程者可以使用变量、函数、表达式、Authorware 脚本语句等进行编程。其计算图标编辑窗口及计算图标属性设置窗口如图 6-79 和图 6-80所示。

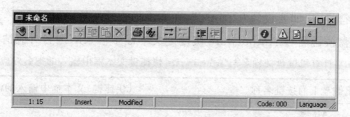

图 6-79　计算图标编辑窗口

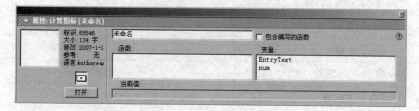

图 6-80　计算图标属性设置窗口

五、按键交互类型

应用按键交互类型,只要用户敲击键盘上指定的键位,就可激活相应的交互响应程序。

创建如图 6-81 所示的按键响应结构,在响应图标内创建响应内容"您按的是字母 a",双击按键响应类型标志打开属性设置面板,如图 6-82 所示。在"快捷键"文本框内输入"a",单击属性设置面板的其他区域时会弹出"新建变量"对话框,如图 6-83 所示,设置变量初始值为"a",运行程序,按 a 键,会得到响应结果,如图 6-84 所示。

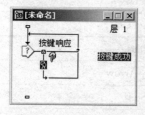

图 6-81　按键响应结构

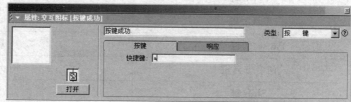

图 6-82　按键响应属性设置

图 6-83　设置变量初始值

图 6-84　程序运行结果

在属性设置面板的"快捷键"文本框内输入的按键名称有大小写之分;输入多个按键时可用"|"(竖号)隔开,间隔的任意按键都会匹配响应;设置组合键时不能在按键之间留

有空格或其他符号，比如要设置"Ctrl＋d"，在文本框中输入"Ctrld"即可。

计算机键盘按键名与 Authorware 快捷键文本框中输入的键名对应情况见表 6-6。

表 6-6　计算机键盘按键名与 Authorware 快捷键文本框中输入的键名对应情况

计算机键盘上的按键名称	（快捷键）文本框中输入的键名
Alt 键	Alt
Backspace(退格)键	Backspace
Break(暂停)键	Break
Ctrl 键	Control 或者 Ctrl
Del 或 Delete(删除)键	Delete
向下方向键	DownArrow
End(文件尾)键	End
Enter(回车)键	Enter
Esc(转义或转换字符)键	Escape
F1 至 F15 键	F1～F15
Home(文件头)键	Home
Ins 或 Insert(插入)键	Ins 或 Insert
向左方向键	LeftArrow
PgDn 键	PageDown
PgUp 键	PageUp
Pause(暂停)键	Pause
向右方向键	RightArrow
Shift 键	Shift
Tab(制表)键	Tab
向上方向键	UpArrow

六、热区域(热区)交互类型

热区交互是在演示窗口上设置一个矩形区域，当用户用鼠标激活该区域时，相应的响应分支就会运行。建立如图 6-85 所示的热区响应结构(在创建交互分支时，选择"热区"域类型)。双击交互图标，打开演示窗口，此时表示热区的虚线框会出现在演示窗口中，如图 6-86 所示。单击该虚线框，利用虚线框周围的 8 个句柄可以调整热区的大小和位置，也可以通过双击热区交互类型标志打开其属性设置面板进行详细设置。

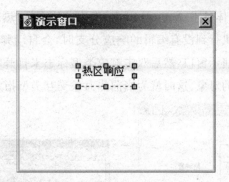

图 6-85 热区响应结构　　　　　图 6-86 表示热区的虚线框

在热区响应属性设置面板的"热区域"选项卡中可以设置热区域的大小、位置和快捷键，还可以设置与响应所匹配的鼠标操作方式，包括"单击""双击"和"鼠标指针在区域内"3 个选项，如图 6-87 所示。如果选中"匹配时加亮"复选框，则热区被触发时，以高亮色显示。当选中"匹配标记"复选框时，则在热区的左侧会显示相应的标志符。单击"鼠标"选项后的■按钮可以选择鼠标指针样式，也可以导入自定义的鼠标指针样式。

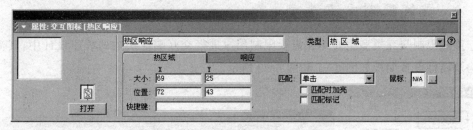

图 6-87 热区响应属性设置面板

在热区响应属性设置面板的"响应"选项卡中可以设置响应图标内容的擦除方式及运行响应分支后程序流程的走向等，其详细设置与按钮属性面板的选项设置基本相同，如图 6-88 所示。

图 6-88 热区响应设置

七、热对象交互类型

热对象交互类型与热区交互类型很相似，但它的响应区域既可以是规则的、静态的对象，也可以是不规则的、动态的对象（GIF 动画、Flash 动画、视频等）。创建热对象的关键是指定响应对象（应在交互分支的前面），如图 6-89 所示，并在"对象"设计图标中创建文本对象"多媒体技术 Authorware7.0",在响应图标"热对象"中创建相应的响应文本。运行程序，当程序执行到没有编辑的响应分支时，会自动弹出响应属性设置窗口（也可以先打开响应对象的演示窗口，然后双击响应类型标志来打开响应属性设置窗口）。按照提示，单击演示窗口中的对象，这时就为当前热对象交互类型指定了响应对象，如图 6-90 所示。

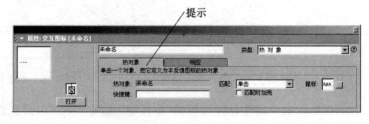

图 6-89　热对象响应结构　　　　　　　图 6-90　热对象属性设置面板

热对象交互类型属性设置面板中选项的设置方法与热区交互类型很相似，可参照其进行设置。

八、重试限制交互类型

重试限制交互类型主要用在需要限制用户进行交互响应次数的程序设计中，其流程结构及属性设置面板如图 6-91 和图 6-92 所示。

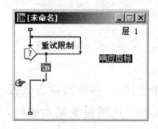

图 6-91　重试限制响应结构　　　　　　图 6-92　重试限制属性设置面板

九、时间限制交互类型

时间限制交互类型和重试限制交互类型的功能很相似，都是对交互响应进行的一种条件限制。区别在于，时间限制交互的限制条件是时间，而重试限制交互的限制条件是尝试次数。

时间限制交互类型为用户的正确响应设置了时间限制，如果用户在规定的时间内正确响应，则程序进入交互分支，否则程序不能进入交互分支。其流程结构及属性设置面板如图 6-93 和图 6-94 所示。

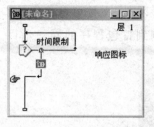

图 6-93 时间限制响应结构

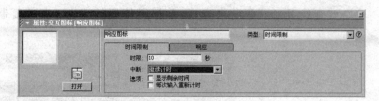

图 6-94 时间限制属性设置面板

十、事件交互类型

事件交互类型是 Authorware 为 Xtras 技术提供支持的一种响应类型,通过事件响应与 Xtras 插件、ActiveX 控件间产生消息发送机制,从而实现交互控制功能。在这一过程中,Authorware 通过 Xtras 插件、ActiveX 控件事件所发送的用户操作行为来控制程序流程。其流程结构及属性设置面板如图 6-95 和图 6-96 所示。

图 6-95 事件响应结构

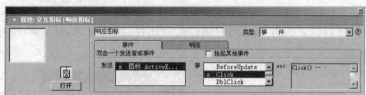

图 6-96 事件响应属性设置面板

十一、程序打包发布

程序打包是指对源程序文件和库文件等进行封装、加密处理,使其能在不同的操作系统下运行。将打包后的程序和其他相关的应用程序、驱动、插件、媒体素材文件等组织在一起,通过存储媒介形式传递给最终用户使用,称为程序发布。

在 Authorware 中,程序打包的方法是通过"文件"→"发布"→"打包"命令完成的,如图 6-97 所示。打包程序窗口如图 6-98 所示。

程序打包发布的注意事项如下。

(1)打包前复制源程序文件,做好备份,以便将来修改。

(2)打包后的 Authorware 程序需要 Runtime 应用程序的支持(runa7w32.exe)才能播放,所以在打包时要将 Runtime 程序一同打包,或者将 Runa7w32.exe(在 Authorware 安装目录下)复制到打包程序的同一个文件夹中。

(3)确定打包和发布程序所需的所有附加文件,包括 Xtras 插件和媒体驱动程序等,必须把这些文件复制到打包程序的同一个文件夹中,才能使打包后的程序完全脱离 Authorware 的编辑环境而独立运行。媒体驱动程序都存放在 Authorware 的安装目录

中,把所需的驱动复制到打包程序的同一个目录下就可以了。Xtras 文件可以使用"命令"→"查找 Xtras"命令来查找,并把所使用的 Xtras 文件复制到打包程序的同一个目录下。

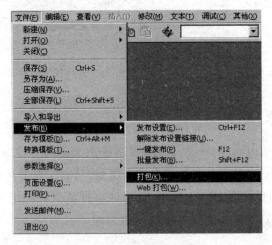

图 6-97　程序打包和发布工具

(4)保证所有使用到的插件的合法性,因为在 Authorware 中有很多插件是受版权保护的。

图 6-98　打包程序窗口

任务总结

本任务侧重训练对 Authorware 交互类型的掌握,同学们通过任务中的小例子可以深入了解交互图标的使用,熟悉多媒体技术中的人机交互技术。程序打包是指对源程序和库文件等进行封装、加密处理,使其能在不同的操作系统下运行。

任务拓展

　　了解热区域交互应用。热区响应是在程序的运行窗口内画出一块矩形区域,当用户单击、双击或鼠标划过这一区域时,将执行事先设计好的程序段。

　　操作提示:①在图片显示图标中导入图片;②在文字显示图标中输入要显示的文字;③指定热区范围;④设置交互属性。

项目7 多媒体技术应用实例

任务一　音频、图像、视频简单工具的使用

一、任务目的

（1）掌握 Windows 中"录音机"的使用方法。

（2）掌握图像浏览器 ACDSee 的使用方法。

（3）掌握视音频播放器"豪杰超级解霸""豪杰超级音频解霸"的使用方法。

二、准备与说明

（1）实验前准备一张 VCD 视频（本人使用的计算机必须有光驱）或 DVD 视频（本人使用的计算机必须有 DVD 光驱）。

（2）在实验中最好戴好耳机，以免影响别人。

（3）每位用户务必在 E 盘的根目录下建立一个以本人学号为名称的文件夹，并将实验内容保存在该文件夹中。例如，一名同学的学号为 0222，则建立的文件夹为 e:\0222。

三、操作步骤

（1）运行 Windows 中的"录音机"程序，利用"麦克风"录制一段用户本人朗读的文章（文件名为"C:\CAI5\实验\01\录音文件.txt"）。

（2）以上所录制的声音保存为"xxxxxxxx-01.wav"文件（xxxxxxxx 为学号，下同）。

（3）打开 ACDSee 程序，浏览文件夹"C:\CAI5\实验\01\"中的文件，打开图像文件，并执行以下命令：缩放到原来的 120%。

（4）将上面打开的文件另存为 BMP 文件格式，文件名取为"xxxxxxxx.bmp"，同时记录两个文件的容量大小，做一比较，并说明两个容量差别的原因。

（5）将 ACDSee 设定为浏览方式，记录"C:\CAI5\实验\01\"中图像文件的数量，并以幻灯片放映的方式浏览该文件夹中的文件。

（6）打开"豪杰超级解霸"程序，在当前计算机的光驱中插入一张 VCD 碟片，打开光盘中文件夹"MPEGAV"下的"AVSEQ02.DAT"视频文件，播放区间为 5 分 00 秒～8 分

30 秒,同时设置快放"2 倍"或慢放"1/3 倍",观看播放的效果。

(7)通过设置"循环播放""选择开始点""选择结束点"(从 6 分 00 秒左右开始到 8 分 00 秒左右结束),将播放的视频保存为 MPG 文件,取名为"xxxxxxxx-capture.mpg"。

(8)打开"豪杰超级音频解霸",通过设置"循环播放""选择开始点""选择结束点"(从 6 分 00 秒左右开始到 8 分 00 秒左右结束),将播放的音频保存为 MP3 文件,取名为 "xxxxxxxx-capture.mp3"。

(9)利用 Windows 中的 RealPlayer 播放保存的"xxxxxxxx-capture.mp3"文件。

任务二　图像处理基础(一)——自制印章

一、任务目的

(1)掌握图像处理的基本方法。
(2)熟悉 Photoshop 工具箱中各工具的使用方法。
(3)掌握图层、通道、滤镜的基本操作方法。
(4)掌握选区与永久蒙版之间的相互转换方法。

二、准备与说明

(1)假设实验前所有的设备均已准备就绪。
(2)每位用户务必在 E 盘的根目录下建立一个以本人学号为名称的文件夹,并将实验内容保存在该文件夹中,xxxxxxxx 为本人的学号(下同)。例如,一名同学的学号为 04120011,则建立的文件夹为 e:\04120011。

三、操作步骤

(1)打开 Photoshop 图像处理软件,熟悉 Photoshop 窗口的组成。

(2)打开 Photoshop 默认路径(C:\Program Files\Adobe\Photoshop CS3\样本)中的某个图像文件,利用它来熟悉工具箱中各工具的使用方法。

(3)利用 Photoshop 的各项功能制作印章。

①新建一个文件,大小为"300×400"像素,分辨率为 200 像素/英寸,模式为 8 位 RGB 颜色,背景色设置为白色,文件名为"印章"。

②在"图层"面板中新建一个图层"图层 1",用"文字蒙版工具"输入文字,例如"上大"(实验时每个同学可用自己的姓名制作印章),字体设置为隶书,字号为 36。

③选择"存储选区"命令将文字选区保存为一个新通道"Alpha 1"。

④在"通道"面板内,选择"Alpha 1"通道。

⑤选择"滤镜"→"杂色"→"添加杂色"命令,在对话框中设置"数量"参数为 400%, "分布"为"平均分布","选中"选"单色"复选框。

⑥选择"滤镜"→"风格化"→"扩散"命令，在对话框中设置"模式"为"变暗优先"。

⑦按 Ctrl＋D 组合键取消选择。

⑧选择"滤镜"→"模糊"→"高斯模糊"命令，在对话框中设置"半径"为"0.5 像素"。

⑨选择"图像"→"调整"→"自动色阶"和"自动对比度"命令。

⑩按住 Ctrl 键单击"Alpha 1"通道。

⑪切换到"图层"面板，单击"图层 1"，文字选区出现在图像中。

⑫将前景色设置为红色，对选区进行填充，一般填充 3～4 次即可。

⑬利用"矩形选框工具"在文字外围拖动出一个矩形框，然后利用"选择"→"修改"→"边界"命令调整选区宽度，设置"宽度"为 5 个像素。

⑭对矩形框重复步骤③～⑫。

⑮再次选择"高斯模糊"命令，"半径"值可视个人喜好设置。

⑯保存该文件，并将文件另存为"xxxxxxxx-印章.jpg"。

任务三　图像处理基础(二)——年轮的制作

一、任务目的

(1)掌握图像处理的基本方法。

(2)掌握文字工具的使用方法。

(3)掌握图层、通道、滤镜的基本操作方法。

(4)掌握图像中色彩和色调的调节方法。

二、准备与说明

(1)假设实验前所有的设备均已准备就绪。

(2)每位用户务必在 E 盘的根目录下建立一个以本人学号为名称的文件夹，并将实验内容保存在该文件夹中，xxxxxxxx 为本人的学号(下同)。例如，一名同学的学号为 04120011，则建立的文件夹为 e:\04120011。

三、操作步骤

(1)选择"文件"→"新建"命令，创建一个大小为"500×500"像素、分辨率为 72 像素/英寸、模式为 8 位 RGB 颜色的新文件，背景色设置为白色，文件名为"年轮"。

(2)选择"滤镜"→"杂色"→"添加杂色"命令，在对话框中设置"数量"参数为 40%，"分布"为"高斯分布"，并选中"单色"复选框，单击"好"按钮。

(3)选择"滤镜"→"纹理"→"颗粒"命令，在对话框中设置"强度"参数为 72，"对比度"参数为 30，颗粒类型选中"水平"，单击"好"按钮，得到水平的颗粒效果。

(4)选择"滤镜"→"扭曲"→"极坐标"命令，在对话框中选中"平面坐标到极坐标"单

选按钮,得到的图像呈环状显示。

(5)选择"图像"→"调整"→"色相/饱和度"命令,在对话框中首先选中"着色"复选框,然后设置"色相"参数值为 28,"饱和度"参数值为 80,"明度"参数值为−40,单击"好"按钮。

(6)选择工具箱中的"椭圆选框工具",在图像中绘制一个圆形选区,选中图像中的环状纹理部分,然后选择"选择"→"反选"命令(或按 Shift+Ctrl+I 组合键),按 Delete 键,删除选区图像,再次选择"反选"命令,使年轮部分成为选区。

(7)选择"滤镜"→"液化"命令,选择适当的笔触大小和压力,根据喜好制作出逼真的大树的年轮效果。

(8)按自己的喜好可以添加一些模糊滤镜效果,如动感模糊。

(9)选择工具箱中的"横排文字工具",输入"大树的年轮"文字,字体设置为隶书,字号为 48。

(10)将文字移动到年轮中央,然后按住 Ctrl 键并单击图层控制面板中的文字图层,选中文字。

(11)打开"通道"面板,单击"将选区存储为通道"按钮,将选区保存为一个新通道"Alpha 1"。再次单击该按钮,将选区保存为另一个新通道"Alpha 2"。按 Ctrl+D 组合键取消选区,然后将文字图层删掉。

(12)在通道控制面板中,单击"Alpha 2"通道。此时图像变为黑体白字,白字部分保存在 Alpha 2 通道中的选区。

(13)选择"滤镜"→"其他"→"位移"滤镜,分别将水平和垂直偏移量设置为 3 和 4。选择"通道"面板上的 RGB 通道,恢复彩色通道。

(14)选择"选择"→"载入选区"命令,载入 Alpha 1 通道。在"操作"选项区域中选中"新选区"单选按钮。

(15)使用相同的方法载入 Alpha 2 通道,但是这次"操作"选项区域中选择的是"从选区中减去"选项。这样已载入的 Alpha 1 选区将减去 Alpha 2 选区。

(16)选择"图像"→"调整"→"亮度/对比度"命令,将"亮度"设置为 100,用于制作透明字的亮度部分。

(17)如上述(14)、(15)步再次载入选区,但这次先载入 Alpha 2 通道(新选区),再载入 Alpha 1 通道(从选区中减去)。

(18)再次选择"亮度/对比度"命令,将"亮度"设置为−100,用于制作透明字的阴影部分。

(19)按 Ctrl+D 组合键取消选区,完成文字的制作。

(20)保存该文件,并将文件另存为"xxxxxxxx-年轮.jpg"。

任务四　工具与补间动画的绘图

一、任务目的

(1)掌握 Flash 动画制作的基本方法。

(2)熟悉绘图工具栏中各工具的使用方法。

(3)掌握时间轴的基本操作方法。

(4)掌握补间动画制作的基本方法。

二、准备与说明

(1)假设实验前所有的设备均已准备就绪。

(2)每位用户务必在 E 盘的根目录下建立一个以本人学号为名称的文件夹,并将实验内容保存在该文件夹中,xxxxxxxx 为本人的学号(下同)。例如,一名同学的学号为 04120011,则建立的文件夹为 e:\04120011。

三、操作步骤

(1)打开 Flash 动画制作软件,熟悉 Flash 窗口的组成及其操作方式。

(2)利用 Flash 制作"直线伸长"的动画。

①新建一个动画文件,并通过其"属性"面板将其大小设置为"400×30"像素,背景色设置为黑色(♯000000),保存文件名为"xxxxxxxx-1.fla"。

②选择"线条工具",并通过其"属性"面板将其设置为"实线""1"和"白色"。

③在舞台画一条短横线,长 10~20 像素。

④在时间轴的当前层(图层 1)第 20 帧处进行单击,然后按 F7 键插入一个空帧。

⑤单击"绘图纸外观"按钮(俗称洋葱皮按钮的第一个按钮),可以观察到第③步所画短线(变灰色)。

⑥在同一起点,用"线条工具"画一条长 400 像素的横线。

⑦在时间轴的当前层(图层 1)第 1 帧处双击,在当前帧的"属性"面板的"补间"下拉列表框中选择"形状"选项。此时,时间轴的第 1 帧到第 20 帧之间产生一条箭头线。

⑧完成操作,按 Ctrl+Enter 组合键或者选择"控制"→"测试影片"命令查看制作效果。

任务五　动画与遮罩动画

一、任务目的

(1)掌握逐帧动画制作的基本方法。

(2)掌握遮罩动画制作的基本方法。

二、准备与说明

(1)假设实验前所有的设备均已准备就绪。

(2)每位用户务必在 E 盘的根目录下建立一个以本人学号为名称的文件夹,并将实验内容保存在该文件夹中,xxxxxxxx 为本人的学号(下同)。例如,一名同学的学号为 04120011,则建立的文件夹为 e:\04120011。

三、操作步骤

1. 逐笔写字动画的制作

该动画描述的是一种书写的效果。其设计思想是:先绘制一个文字块,从第 2 帧到结束帧,按照书写的相反顺序依次擦除字的笔画,从第 2 帧开始,每个关键帧都要延续前一关键帧的内容,然后进行一些修改,最后形成一种倒序书写的效果,将前后关键帧进行交换就可以得到常规顺序的书法效果。

(1)新建一个动画文件,并通过其"属性"面板将其大小设置为"550×400"像素,背景色设置为白色(♯FFFFFF),保存文件名为"xxxxxxxx-3.fla"。

(2)在时间轴中的"图层 1"的第 1 帧处创建起始关键帧。

(3)在舞台中使用"文本工具"添加一个文字块,输入用户姓名中笔画最多的汉字,并通过其"属性"面板将其设置为"宋体""120""黑色"。

(4)右击输入的汉字,在弹出的快捷菜单中选择"分离"命令。

(5)右击第 2 帧,并在弹出的快捷菜单中选择"插入关键帧"命令,利用"橡皮擦工具"擦除编辑区中汉字的最后一个笔画。

(6)每增加一个关键帧,擦除一个笔画,直至汉字全部擦完。

(7)为了达到正常的书写效果,选中所有的关键帧,选择"修改"→"时间轴"→"翻转帧"命令,实现前后帧的交换。

(8)完成操作,按 Ctrl+Enter 组合键或者选择"控制"→"测试影片"命令查看制作效果。

2. 发光字效果动画的制作

该动画的设计思想是:通过遮罩层让运动的色条透光刚好照到最顶层的字符上。遮

罩层中字符的大小比真正的字符稍大一些,色条透光后使得字符有发光的感觉。因此,在制作中至少要用到 3 个图层:一个用于存放正常大小的字符,一个用于存放稍大的字符作为遮罩层,一个用于制作出发光效果的矩形渐变色。该运行效果的关键之处在于矩形渐变色的调制程度,要求用户能够熟练操作"混色器"面板中的渐变色调制(渐变色上的小颜料桶最多只能为 8 个)。

(1)新建一个动画文件,并通过其"属性"面板将其大小设置为"550×400"像素,背景色设置为白色(♯FFFFFF),保存文件名为"xxxxxxxx-4.fla"。

(2)"发光条"元件的制作。

①选择"插入"→"新建元件"命令,在弹出的"创建新元件"对话框中设置,"名称"为"发光条","行为"为"图形"。

②单击"确认"按钮,进入该元件的编辑模式。

③选择"矩形工具",去除轮廓色,设置线性渐变填充色。利用"混色器"面板调制矩形填充颜色是本动画的关键。

④选择"线性"填充方式,在渐变色上设置 8 个小颜料桶,平均分布,而且每个颜料桶的 Alpha 值按照 100%和 0%的次序从左向右轮流设置。

⑤选择"矩形工具",直接在"发光条"元件编辑区绘制一个小矩形,然后复制并拼成一个较长的矩形。

(3)编辑场景。

增加图层,并从上到下分别命名为"正常字符""大字符"和"发光条"。因为需要透过"大字符"图层区域看到"发光条"图层的动画效果,所以必须将"大字符"图层放到"发光条"图层的上面。

(4)"正常字符"图层建立及其设置。

①添加图层,并定义其为"正常字符"图层。

②单击第 1 帧,选择"文本工具",在文字块中输入用户的姓名(字体大小设置为 50)。右击第 30 帧,在弹出的快捷菜单中选择"插入帧"命令,表示从第 2 帧到第 30 帧的所有帧都延续第 1 帧的内容。

(5)"大字符"图层建立及其设置。

①添加图层,并定义其为"大字符"图层。

②单击第 1 帧,选择"文本工具",在文字块中输入用户的姓名(字体大小设置为 52)。要求文字块的位置与"正常字符"图层中文字块的位置一致。

③右击第 30 帧,在弹出的快捷菜单中选择"插入帧"命令,表示从第 2 帧到第 30 帧的所有帧都延续第 1 帧的内容。

(6)"发光条"图层建立及其设置。

①添加图层,并定义其为"发光条"图层。

②单击第 1 帧,从"库"面板中将"发光条"元件拖动到舞台中文字块的下面,保证所有的字符都在"发光条"元件之上。

③右击第 30 帧,在弹出的快捷菜单中选择"插入关键帧"命令,将舞台上的"发光条"元件向右平移一个字符位置。

④右击第 1 帧的黑点处,在弹出的快捷菜单中选择"创建补间动画"命令,这时"发光条"图层背景变为浅蓝色,并且有一个蓝色箭头从第 1 帧指向第 30 帧。

(7)设置遮罩效果。

右击"大字符"图层的名称处,在弹出的快捷菜单中选择"遮罩层"命令。此时应用了遮罩的图层自动被锁定。

(8)完成操作,按 Ctrl＋Enter 组合键或者选择"控制"→"测试影片"命令查看制作效果。

任务六 动画和综合实例

一、任务目的

(1)掌握按钮动画制作的基本方法。

(2)熟练掌握所有动画设计方法及其使用方法。

二、准备与说明

(1)假设实验前所有的设备均已准备就绪。

(2)每位用户务必在 E 盘的根目录下建立一个以本人学号为名称的文件夹,并将实验内容保存在该文件夹中,xxxxxxxx 为本人的学号(下同)。例如,一名同学的学号为04120011,则建立的文件夹为 e:\04120011。

三、操作步骤

1. 普通按钮动画的制作

(1)新建一个动画文件,并使用其默认的属性,保存文件名为"xxxxxxxx-5.fla"。

(2)选择"插入"→"新建元件"命令,在弹出的"创建新元件"对话框中设置,"名称"为"普通按钮","行为"为"按钮"。

(3)单击"确认"按钮,进入该元件的编辑模式。时间轴窗口中图层 1 有"弹起""指针经过""按下""点击"4 个鼠标状态,每个状态下的内容分别代表鼠标在相应状态下显示。

(4)右击"弹起"帧,在弹出的快捷菜单中选择"插入关键帧"命令后,在该关键帧的编辑区设置内容,选择"矩形工具"(去除轮廓色颜色),在舞台中绘制一个黑色的矩形,表示当鼠标"弹起"时,该按钮显示为黑色的矩形。

(5)在"指针经过"帧中插入关键帧,将矩形颜色改为红色。

(6)在"按下"帧中插入关键帧,将矩形颜色改为黄色。

(7)在"点击"帧中插入关键帧。

（8）从"库"面板中拖动"普通按钮"元件到场景舞台中，调整位置。

（9）完成操作，按 Ctrl＋Enter 组合键或者选择"控制"→"测试影片"命令查看制作效果。

2．滴水效果动画的制作

该动画描述水滴掉下后引起小小波浪的效果。该动画的设计思想是：一个水滴从空中落下是一个过程，然后水滴掉到水里引起波浪，波浪用一个个椭圆边框来表示。

（1）新建一个动画文件，并通过其"属性"面板将其大小设置为"450×500"像素，背景色设置为蓝色（♯OOOOFF），保存文件名为"xxxxxxxx-6.fla"。

（2）"水滴"元件的制作。

①选择"插入"→"新建元件"命令，在弹出的"创建新元件"对话框中设置，"名称"为"水滴"，"行为"为"图形"。

②单击"确认"按钮，进入该元件的编辑模式。

③选择"椭圆工具"，在编辑区中央绘制一个图形，利用"混色器"面板调制填充颜色。选择"放射状"填充方式，在渐变色上设置两个小颜料桶，左边小颜料桶颜色为十六进制值♯C2C4FE，右边小颜料桶颜色为白色，轮廓色为白色，分别用"颜料桶工具"和"墨水瓶工具"对绘制的圆形进行颜色填充。

④选择"选择工具"，对绘制的圆形进行变形，使之变为"水滴"的形状。

（3）"波浪动画"元件的制作。

①选择"插入"→"新建元件"命令，在弹出的"创建新元件"对话框中设置，"名称"为"波浪动画"，"行为"为"影片剪辑"。

②单击"确认"按钮，进入该元件的编辑模式。

③单击第 1 帧，选择"椭圆工具"（去除填充色的颜色，轮廓色和"水滴"元件中填充色一样），在编辑区绘制一个椭圆。

④右击第 30 帧，在弹出的快捷菜单中选择"插入关键帧"命令，在第 30 帧的编辑区中使用"任意变形工具"放大椭圆，并保持椭圆的中心位置不变。

⑤单击第 1 帧的黑点处，打开第 1 帧的"属性"面板，在"补间"下拉列表框中选择"形状"选项后，生成一条黑色的实线箭头，该层的背景色变为浅绿色，表示元件动画创建成功。

（4）编辑场景。

要实现水滴掉下后引起小小波浪的效果，必须要创建 1 个"水滴"图层和至少 5 个"波浪"图层。要创建 1 个"水滴"图层和 5 个"波浪"图层，而且要保证水滴滴下后才有波浪和波浪一圈一圈相接的效果，必须采用时间上不同步的方法。

（5）"水滴"图层建立及其设置。

①添加图层，并定义其为"水滴"图层。

②单击第 1 帧，从"库"面板中将"水滴"元件拖动到舞台的上部。

③右击第 7 帧，在弹出的快捷菜单中选择"插入关键帧"命令，将舞台上的"水滴"元件向下垂直移动，表示水往下滴的效果。

④右击第 1 帧的黑点处，在弹出的快捷菜单中选择"插入关键帧"命令，"水滴"的效果制作完成。

(6)"波浪"图层建立及其设置。

①添加图层，并定义其为"波浪 1"图层。

②右击第 7 帧（水滴结束帧），在弹出的快捷菜单中选择"插入关键帧"命令，从"库"面板中将"波浪动画"元件拖动到舞台的相应部位，使用"任意变形工具"将该元件缩小。

③右击第 36 帧，在弹出的快捷菜单中选择"插入关键帧"命令，使用"任意变形工具"将舞台中的元件放大，使用"选择工具"选中元件，打开其"属性"面板，设置颜色选项为 Alpha，值为 0％。

④右击第 1 帧的黑点处，在弹出的快捷菜单中选择"创建补间动画"命令，第 1 层"波浪动画"的效果制作完成。

⑤依次添加 4 个图层，并依次定义其为"波浪 2"图层、"波浪 3"图层、"波浪 4"图层、"波浪 5"图层。按照"波浪 1"图层的设置步骤，保持各层的"波浪动画"元件中心位置相同，且依次向后推移 5 帧作为延迟效果，完成设置。

(7)完成操作，按 Ctrl＋Enter 组合键或者选择"控制"→"测试影片"命令查看制作效果。

参考文献

[1]张凌雯,徐强.多媒体技术应用[M].大连:大连理工大学出版社,2014.

[2]王鸣.多媒体技术与应用[M].北京:电子工业出版社,2021.

[3]王庆荣.多媒体技术[M].北京:北京交通大学出版社,2012.

[4]李建,山笑珂,周苑,等.多媒体技术基础与应用教程[M].北京:机械工业出版社,2021.

[5]徐晓华,胡倩,周艳.多媒体技术应用[M].北京:电子工业出版社,2021.